家庭手作
面食全书

爱厨房◎著

北京科学技术出版社

目录

Chapter 1
发面面团类

Chapter 2
水调面团类

Chapter 3
其他类

1
Chapter

发面面团类

包子、馒头、花卷等将面团发酵后制成的面食，我们称之为"发面面食"。本章介绍了发面的制作方法以及 44 款家庭手作发面面食，从馒头、花卷到包子，一应俱全！

发面面团的制作

包子、馒头、花卷等是将面团发酵后制成的面食，我们称之为"发面面食"。

家庭制作的发面面食，一般用面肥或酵母等生物膨松剂使面团发酵。（市场上还有如泡打粉等化学膨松剂，但不推荐使用。）

面肥是将发好的面留下一小块作为下次发面的"种子"。面肥中含有杂菌，发酵时间较长，用面肥发酵好的面团有酸味，需要加碱中和。所以，对新手来说，用面肥发面操作起来比较麻烦。用酵母发酵时间相对较短，而且发酵好的面团一般没有酸味，无须加碱中和，操作起来比较方便。

酵母分为鲜酵母和干酵母。鲜酵母要冷藏保存，而且保存的时间不宜太久；干酵母无须冷藏保存，保存期较长而且便于运输，在市场上更容易买到。所以，本书中选用活性干酵母给面团发酵。

让面团发酵得恰到好处是制作发面面食的关键。这里总结了几点发面的小经验。

1. 酵母的用量及保存。做中式的发面面食，干酵母的用量一般为面粉用量的 0.6%~1%。夏天气温高可以少放一些酵母，冬天气温低可以多放一些。一般家庭使用，建议买小袋的酵母，以免开袋后使用时间太长、酵母与空气接触而失去活性。用后将袋口密封好，放在阴凉干燥处——最好放入冰箱——保存，注意防潮。

2. 酵母的活化。先将干酵母放入少量温水中搅匀，静置约 5 分钟让干酵母溶解活化后再使用。直接将干酵母放入面粉中，面团不一定发不起来，但是先将酵母活化效果会更好。另外，还可添加 1 茶匙白糖，这样更利于酵母菌的生长，从而使面团发得更好。但是，要注意白糖的用量，最好不要超过面粉用量的 6%，否则会抑制酵母菌的生长。

3. 和面的水温以 30℃左右为宜。这个温度最适合酵母菌生长，水温不可过高（不能高于47℃），水温太高容易将酵母菌烫死，从而导致面团发酵失败。我们家庭操作虽然对水温要求不那么精准，但是也要注意。可用手背试一试水温，以不烫手为宜。

4. 面团发酵所需的时间与温度。面团发酵所需时间的长短，与外界温度有很大的关系，30℃左右为最适宜的温度。正常情况下，1~1.5 小时面团就发酵好了。温度偏高或偏低都需要缩短或延长发酵时间。面团揉好后，用湿纱布或盖子盖好。夏天气温高，面团可直接放在室温下发酵。冬天气温低，面团要放在温暖的地方发酵。最简单的方法是烧一锅水，将装有面团的容器放在锅里，盖上锅盖。其间察看水温，变凉后再稍加热即可。

5. 如何判断面团是否发酵好了？我们判断面团是否发酵好的简单方法为：用手指沾上面粉插入面团中，如果手指抽出后周围的面团不反弹不下陷，说明发酵得刚好；如果周围的面团迅速反弹，说明发酵得还不够；如果周围的面团迅速下陷，说明面团发酵过度了。一般来说，当面团膨胀至 2 倍大且里面布满蜂窝状的小孔时说明面团已经发酵好了。

6. 面团发酵好后，需要先排气再使用。发酵好的面团，里面布满了蜂窝状的小孔并充满了空气，需要反复揉压将里面的空气排出，再次揉光滑，切开后面团里面不能有大的气孔。这一次揉压得是否充分，直接决定了成品的外观和口感。排气后的面团稍稍松弛后就可根据需要制作不同的面食了。

做法

❶ 将酵母放入温水中，搅匀后静置几分钟使酵母完全溶解。

❷ 酵母水倒入面粉中，边倒边用筷子搅拌。

❸ 将面粉搅成絮状。

❹ 用手将面絮抓揉在一起。

❺ 揉成一个粗糙的面团。

❻ 将面团取出放在案板上（也可直接在盆里揉面，取出放在案板上好操作一些）。一只手按住面团的一端，另一只手的手腕用力将面团朝前推揉出去。

❼ 用手指顺势钩住面团并将面团拉回来。

❽ 重复步骤 6~7，反复揉搓几次，将面团揉成筒状。

❾ 把面团竖起来，与之前一样一只手按住面团，另一只手的手腕用力将面团朝前推揉出去。

❿ 再用手指钩住面团并将面团拉回来，如此反复多次。

⓫ 揉成表面光滑细腻的面团。

⓬ 将揉好的面团放入容器中。

⓭ 盖上盖子或湿纱布，静置 1~1.5 小时，让面团发酵。

⓮ 面团发酵至原来的 2 倍大。

⓯ 撕开面团，里面布满蜂窝状的小孔，说明已经发酵好了。

⓰ 发酵好的面团需要先排气再使用。将发酵好的面团取出，放在撒有少量面粉的案板上，再次反复揉压，揉面的方法与之前相同。

⓱ 切开检查一下，揉好的面团里面不能有大的气孔。

⓲ 再次揉成表面光滑的面团，然后盖上湿纱布静置一会儿，再根据需要制作不同的发面面食。

-- TIPS --

1. 和面时水的用量会因为所用面粉的吸水量不同而有所改变，需要根据实际情况调整。对新手来说，和面的时候，水可分 3 次加入。先将酵母放入 70% 的水中溶解，然后倒入面粉中搅匀，再加入 20% 的水，最后 10% 的水视情况而定，这样就比较好掌握了。

2. 制作南瓜面团或紫薯面团时，面粉的具体用量要根据南瓜泥或紫薯泥所含的水分进行调整。

3. 所有发面面食在上锅蒸之前都要醒一下，即用湿纱布盖好静置 20 分钟左右，这样做出的成品口感才松软。醒面团的时间一般是夏天 10~20 分钟，冬天 20~30 分钟。

黑芝麻馒头

原料

面粉…………… 300 克
温水………… 160 毫升
酵母…………… 3 克
熟黑芝麻粉…… 3 汤匙

TIPS

1. 要想做出表面光滑的馒头，面团一定要反复揉，将面团揉匀。

2. 步骤 9 中，将手窝起来握住面团的时候不能握得太紧，手在硅胶垫上画圈时面团要能在手中晃动。

做法

❶ 酵母加温水搅匀，倒入面粉中，按照第 2~5 页的制作方法揉成光滑的面团，盖好静置发酵。

❷ 将面团发酵至原来的 2 倍大。

❸ 取出面团，充分排气后揉光滑。

❹ 按扁，放入黑芝麻粉。

❺ 揉成光滑的面团。

❻ 搓成长条。

❼ 分成每个约 50 克重的剂子。

❽ 将剂子揉成面团。

❾ 将手窝起来握住面团在硅胶垫上不停地画圈。

❿ 整成表面光滑的馒头。

⓫ 盖上湿纱布，醒 20 分钟。

⓬ 蒸锅放水，蒸箅刷油，放入馒头，大火蒸 15 分钟后关火，3 分钟后取出即可。

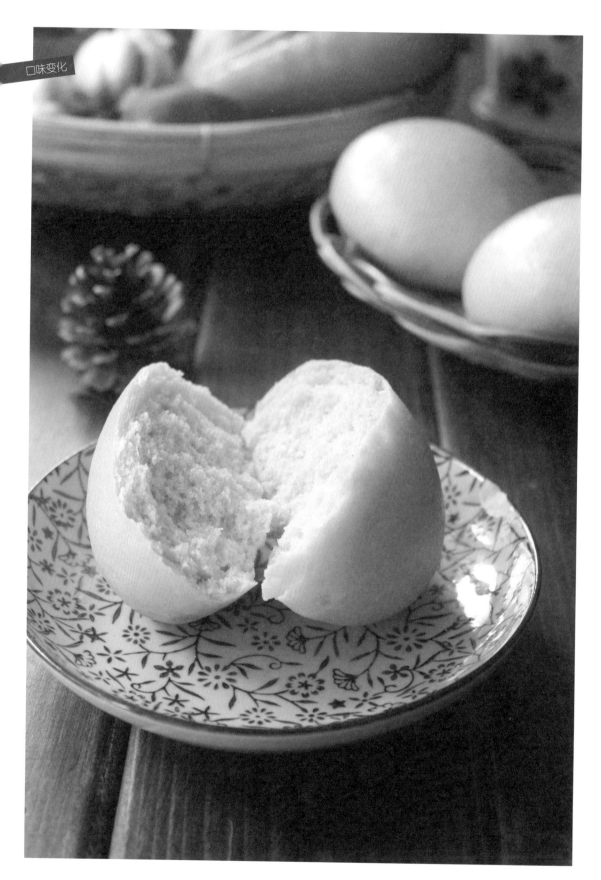

南瓜馒头

原料

南瓜(去皮去瓤)280 克，面粉 420 克，酵母 4 克

做法

❶ 南瓜切片蒸熟，捣成泥，晾至不烫手后加入酵母搅匀。

❷ 面粉放入南瓜泥中，按照第 2~5 页的方法揉成光滑的面团，盖好静置发酵。

❸ 将面团发酵至原来的 2 倍大。

❹ 取出面团，充分排气后揉光滑。

❺ 搓成长条。

❻ 分成每个约 70 克重的剂子。

❼ 按照 "黑芝麻馒头" 中的方法，做出馒头生坯。

❽ 盖上湿纱布，醒 20 分钟。

❾ 蒸锅放水，蒸箅刷油，放入馒头，大火蒸 15 分钟后关火，3 分钟后取出即可。

TIPS

1. 要想做出表面光滑的馒头，发酵好的面团排气时一定要反复揉压，剂子也要反复揉匀。

2. 步骤 7 中，将手窝起来握住面团时不能握得太紧，手在硅胶垫上画圈时面团要能在手中晃动。

牛奶刀切馒头

原料

面粉……………… 300 克

纯牛奶……… 165 毫升

酵母……………… 3 克

白糖…………… 适量

做法

❶ 牛奶加热至 35℃左右，放入酵母搅匀。

❷ 加入面粉和白糖，按照第 2~5 页的方法揉成光滑的面团，盖好静置发酵。

❸ 将面团发酵至原来的 2 倍大。

❹ 取出面团，充分排气后搓成长条。

❺ 用刀切成每个约 40 克重的剂子。

❻ 盖上湿纱布，醒 20 分钟。

❼ 蒸锅放水，蒸箅刷油，放入馒头，大火蒸 15 分钟后关火，3 分钟后取出即可。

TIPS

1. 白糖的用量可根据个人喜好调整，如果不喜欢也可不放。

2. 牛奶加热后的温度以不烫手为宜，温度太高容易将酵母菌烫死而使面团发酵失败。

3. 要想做出表面光滑的刀切馒头，发酵好的面团排气时一定要反复揉压。

双色紫薯刀切馒头

原料

白面团：面粉 250 克，酵母 3 克，温水 130 毫升

紫薯面团：面粉 200 克，紫薯 125 克，酵母 3 克，温水 40 毫升

做法

❶ 制作紫薯面团：紫薯蒸熟后去皮，捣成泥。

❷ 酵母加温水搅匀，倒入面粉中，加入紫薯泥，按照第 2~5 页的方法揉成光滑的面团，盖好静置发酵。

❸ 制作白面团：酵母加温水搅匀，倒入面粉中，按照第 2~5 页的方法揉成光滑的面团，盖好静置发酵。

❹ 将紫薯面团发酵至原来的 2 倍大。

❺ 将白面团发酵至原来的 2 倍大。

❻ 两种面团分别排气，再叠放在一起，按扁，擀成约 0.2 厘米厚的长方形面片。

❼ 面片沿短边卷成卷。

❽ 按照"牛奶刀切馒头"中的切法，切成每个约 50 克重的剂子。盖上湿纱布，醒 20 分钟。

❾ 蒸锅放水，蒸箅刷油，放入馒头，大火蒸 15 分钟后关火，3 分钟后取出即可。

TIPS

步骤 6 中，如果将白面团放在上面，最后做出的馒头表面就是紫色的，反之馒头表面是白色的，可根据个人喜好决定。

开花馒头

原料

南瓜面团

南瓜(去皮去瓤)⋯ 140 克

面粉⋯⋯⋯⋯ 210 克

酵母⋯⋯⋯⋯ 2 克

白面团

面粉⋯⋯⋯⋯ 230 克

温水⋯⋯⋯ 120 毫升

酵母⋯⋯⋯⋯ 2 克

做法

❶ 制作南瓜面团：南瓜切片蒸熟，捣成泥，晾至不烫手后加入酵母，搅匀。

❷ 面粉放入南瓜泥中，按照第 2~5 页的方法揉成光滑的面团，盖好静置发酵。

❸ 制作白面团：酵母加温水搅匀，倒入面粉中，按照第 2~5 页的方法揉成光滑的面团，盖好静置发酵。

❹ 将南瓜面团发酵至原来的 2 倍大。

❺ 将白面团发酵至原来的 2 倍大。

❻ 两种面团分别排气后搓成长条，分成每个约20克重的剂子。

❼ 南瓜剂子揉成圆球，白面剂子擀成中间厚、边缘薄的面皮。

❽ 南瓜剂子放入白面皮中。

❾ 收口。

❿ 收口朝下，整成圆球。

⓫ 在顶部切十字花刀，大约切至馒头的 1/3 处，盖上湿纱布，醒 20 分钟。

⓬ 蒸锅放水，蒸箅刷油，放入馒头，大火蒸 15 分钟后关火，3 分钟后取出即可。

TIPS

　　步骤 11 中，在馒头顶部切十字花刀时，要切得深一些，切口太浅的话馒头蒸好后不容易开花。

荷叶夹子

原料

面粉⋯⋯⋯⋯⋯ 300 克

温水⋯⋯⋯⋯ 160 毫升

酵母⋯⋯⋯⋯⋯ 3 克

做法

❶ 酵母加温水搅匀，倒入面粉中，按照第 2~5 页的方法揉成光滑的面团，盖好静置发酵。

❷ 将面团发酵至原来的 2 倍大。

❸ 取出面团，充分排气后揉光滑，然后搓成长条，分成每个约 40 克重的剂子。

❹ 剂子擀成约 0.4 厘米厚的面饼，用小刷子在面饼上面刷一层油。

❺ 将面饼对折成半圆形，在半圆直边的中点用手捏一下，捏成叶柄。

❻ 用叉子叉出叶脉。

❼ 在每两条叶脉的中间用叉子柄往里顶一下，荷叶夹子就做好了。

❽ 笼屉刷油，放入荷叶夹子。盖上湿纱布，醒 20 分钟。

❾ 蒸锅放水，大火蒸 15 分钟后关火，3 分钟后取出即可。

TIPS

荷叶夹子蒸好后可以直接食用，也可以放入自己喜欢的蔬菜食用。

枣饽饽

原料

面粉…………… 300 克
酵母…………… 3 克
温水………… 160 毫升
红枣…………… 适量

TIPS

1. 步骤 4 中，将面团分成剂子后要用湿纱布盖好，以免剂子表面风干。

2. 剂子一定要反复揉压，这样做出来的枣饽饽表面才会光滑。

做法

❶ 酵母加温水搅匀，倒入面粉中。

❷ 按照第 2~5 页的方法揉成光滑的面团，盖好静置发酵。

❸ 将面团发酵至原来的 2 倍大。

❹ 取出面团，充分排气后分成每个约 90 克重的剂子。

❺ 剂子分别反复揉压。

❻ 揉至表面光滑。

❼ 整成圆形。

❽ 红枣洗净，剪成细长条。

❾ 在馒头的顶端用两手的小手指挑出一个空隙，插入一条红枣条。

❿ 依次在馒头的底部插入四条红枣条，这样枣饽饽就做好了。

⓫ 盖上湿纱布，醒 20 分钟。

⓬ 蒸锅放水，蒸箅刷油，放入枣饽饽，大火蒸 20 分钟后关火，3 分钟后取出即可。

小兔子馒头

原料

面粉…………… 300 克

酵母…………… 3 克

温水………… 160 毫升

黑芝麻………… 少许

TIPS

1. 粘兔子的眼睛时，可在芝麻上沾少许水，这样就很容易粘住了。

2. 步骤 11 中，湿纱布不能直接盖在馒头上，以免将兔子耳朵压塌，要将馒头放在笼屉中，再将湿纱布盖在笼屉上。

做法

❶ 酵母加温水搅匀。

❷ 倒入面粉中，按照第 2~5 页的方法揉成光滑的面团，盖好静置发酵。

❸ 将面团发酵至原来的 2 倍大。

❹ 取出面团，充分排气后揉光滑。

❺ 搓成长条，分成每个约 25 克重的剂子，用湿纱布盖好。

❻ 剂子搓成一头尖、一头圆的水滴状。

❼ 将尖的一头按扁。

❽ 用小刀将按扁的部分切开，作为小兔子的耳朵。

❾ 用一只手将耳朵轻轻捏住往上翻，再用另一只手的两个手指轻轻在耳朵下面捏一下作为兔子的脸。

❿ 在兔子脸的左右两侧各粘一颗黑芝麻作为兔子的眼睛。这样，小兔子馒头就做好了。

⓫ 笼屉刷油，放入馒头。盖上湿纱布，醒 20 分钟。

⓬ 蒸锅放水，大火蒸 15 分钟后关火，3 分钟后取出即可。

简易小鸭馒头

原料

面粉……………… 210 克

南瓜（去皮去瓤）… 140 克

酵母……………… 2 克

TIPS

1. 面要和得硬一些，这样蒸好后小鸭馒头不易变形。

2. 步骤 7 中，将剂子擀成圆饼时，要擀得厚一些，做出来的小鸭馒头才好看。

3. 步骤 11 中，湿纱布不能直接盖在馒头上，要将馒头放入笼屉再盖上湿纱布，以免将小鸭头压扁。

做法

❶ 南瓜切片蒸熟，捣成泥，晾至不烫手后放入酵母搅匀。

❷ 加入面粉，按照第 2~5 页的方法揉成光滑的面团，盖好静置发酵。

❸ 将面团发酵至原来的 2 倍大。

❹ 取出面团，充分排气后揉光滑。

❺ 搓成长条。

❻ 分成每个约 30 克重的剂子，用湿纱布盖好。

❼ 擀成约 0.7 厘米厚的圆饼。

❽ 将圆饼对折成半圆形。

❾ 用小刀切一刀。

❿ 将面饼立起，半圆的圆边朝下，将切开的部分翻转捏成小鸭的头，再捏出小鸭的尾巴，这样小鸭馒头就做好了。

⓫ 笼屉刷油，放入馒头。盖上湿纱布，醒 20 分钟。

⓬ 蒸锅放水，大火蒸 12 分钟后关火，3 分钟后取出即可。

葱花卷

原料

面粉…………… 300 克
酵母…………… 3 克
温水………… 160 毫升
葱花…………… 适量
盐……………… 少许

TIPS

　　步骤 5 中，面片不要擀得太薄，否则拧花卷时切面的面片容易粘在一起。

做法

❶ 酵母加温水搅匀。

❷ 倒入面粉中，按照第 2~5 页的方法揉成光滑的面团，盖好静置发酵。

❸ 将面团发酵至原来的 2 倍大。

❹ 取出面团，充分排气后揉光滑。

❺ 擀成约 0.2 厘米厚的长方形面片。

❻ 在面片上刷一层油，均匀地撒上盐和葱花。

❼ 沿长边卷成卷。

❽ 切成大小均匀的剂子，用湿纱布盖好。

❾ 用筷子在剂子中间压一下。

❿ 抽出筷子，将剂子沿压痕往两侧拉长一些。

⓫ 两手分别捏住两端，朝相反的方向扭转，将两端捏在一起，卷成花卷，盖上湿纱布，醒 20 分钟。

⓬ 蒸锅放水，蒸箅刷油，放入花卷，大火蒸 15 分钟后关火，3 分钟后取出即可。

黑芝麻红糖卷

原料

面皮

面粉…………… 300 克

酵母…………… 3 克

温水…………… 160 毫升

馅料

红糖…………… 60 克

熟黑芝麻粉…… 15 克

面粉…………… 20 克

TIPS

馅料中加少许面粉是为了防止红糖蒸熟后流出来，但是不要加得太多，否则影响口感。

做法

❶ 馅料中所有原料混合均匀。

❷ 酵母加温水搅匀，倒入面粉中，按照第 2~5 页的方法揉成光滑的面团，盖好静置发酵。

❸ 将面团发酵至原来的 2 倍大。

❹ 取出面团，充分排气后揉光滑。

❺ 擀成约 0.2 厘米厚的长方形面片。

❻ 在面片上均匀地撒一层馅料。

❼ 沿长边卷成卷。

❽ 切成每个约 25 克重的剂子。

❾ 将剂子两两重叠。

❿ 用筷子在剂子上压一下。

⓫ 抽出筷子，制成花卷，盖上湿纱布，醒 20 分钟。

⓬ 蒸锅放水，蒸箅刷油，放入花卷，大火蒸 15 分钟后关火，3 分钟后取出即可。

花生甜花卷

原料

面皮

面粉…………… 300 克

酵母…………… 3 克

温水…………… 160 毫升

馅料

花生米………… 80 克

白糖…………… 适量

TIPS

炒花生米时要用小火，以免炒焦。炒至花生米发出"啪啪"的响声时再炒一会儿即可。刚炒好的花生米不酥香，晾凉后就会变得又脆又香。

做法

❶ 酵母加温水搅匀，倒入面粉中，按照第 2~5 页的方法揉成光滑的面团，盖好静置发酵。

❷ 花生米放入锅中（无须放油），小火炒香，放至不烫手后搓去红衣。

❸ 放入搅拌机中搅碎，加入适量白糖搅匀。

❹ 将面团发酵至原来的 2 倍大。

❺ 取出面团，充分排气后揉光滑。

❻ 擀成约 0.2 厘米厚的长方形面皮。

❼ 在面皮上均匀地撒一层馅料，用擀面杖轻轻地擀一下，使馅料粘牢一些以防在后面的操作中脱落。

❽ 沿短边卷成卷。

❾ 切成每个约 40 克重的剂子。

❿ 用筷子在剂子中间压一下，使切面向上翻。

⓫ 抽出筷子，将剂子两端向下弯折，制成花卷。

⓬ 盖上湿纱布，醒 20 分钟。

⓭ 蒸锅放水，蒸箅刷油，放入花卷，大火蒸 15 分钟后关火，3 分钟后取出即可。

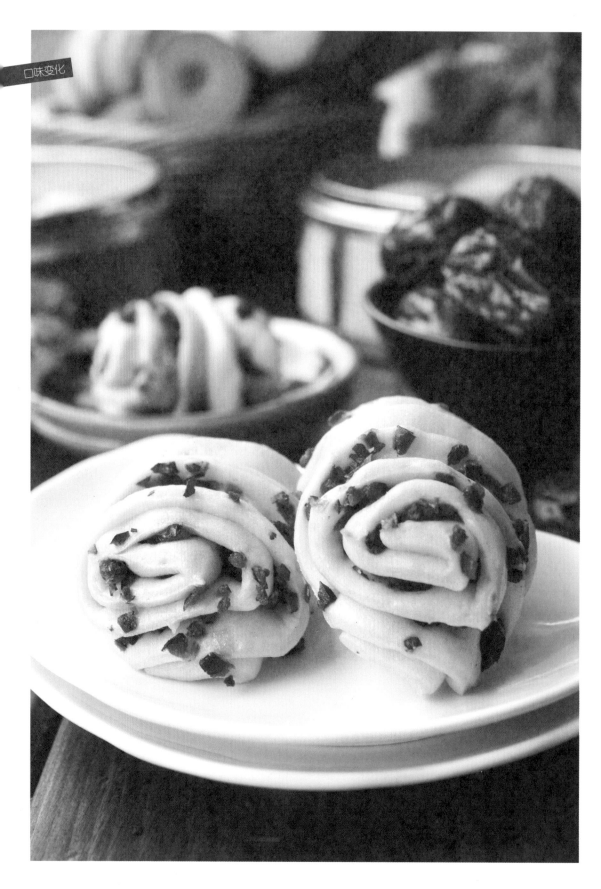

南瓜红枣卷

原料

面粉 210 克，南瓜(去皮去瓤)140 克，酵母 2 克，去核红枣适量

做法

❶ 南瓜切片蒸熟，捣成泥，晾至不烫手后加入酵母搅匀。加入面粉，按照第 2~5 页的方法揉出光滑的面团，盖好静置发酵。

❷ 红枣洗净，浸泡几分钟后沥干切碎。

❸ 将面团发酵至原来的 2 倍大。

❹ 取出面团，充分排气后揉光滑。

❺ 擀成约 0.2 厘米厚的长方形面片，用小刷子在面片上刷一层油，均匀地撒上红枣碎。

❻ 沿短边卷成卷。

❼ 切成每个约 40 克重的剂子。

❽ 按照 "花生甜花卷" 中的方法，制成花卷，盖上湿纱布，醒 20 分钟。

❾ 蒸锅放水，蒸箅刷油，放入花卷，大火蒸 15 分钟后关火，3 分钟后取出即可。

TIPS

　　步骤 5 中，面片不要擀得太薄，因为南瓜面团比较黏，如果面片擀得太薄，做成花卷后容易粘在一起

肉松葱花卷

原料

面粉…………… 300 克

酵母…………… 3 克

温水………… 160 毫升

肉松…………… 适量

葱花…………… 适量

盐…………… 适量

TIPS

　　肉松要撕得碎一些，不能太大块，以免卷成卷后面皮表面凹凸不平影响美观。

做法

❶ 酵母加温水搅匀，倒入面粉中，按照第 2~5 页的方法揉出光滑的面团，盖好静置发酵。

❷ 将面团发酵至原来的 2 倍大。

❸ 取出面团，充分排气后揉光滑。

❹ 擀成约 0.2 厘米厚的长方形面片，用小刷子在面片上刷一层油。

❺ 均匀地撒上盐、葱花和肉松。

❻ 沿长边卷成卷。

❼ 切成每个约 20 克重的剂子。

❽ 将剂子两两叠放。

❾ 用筷子在剂子的中间压一下，使切面向上翻。

❿ 抽出筷子，将两端向下弯折，制成花卷。

⓫ 盖上湿纱布，醒 20 分钟。

⓬ 蒸锅放水，蒸箅刷油，放入花卷，大火蒸 15 分钟后关火，3 分钟后取出即可。

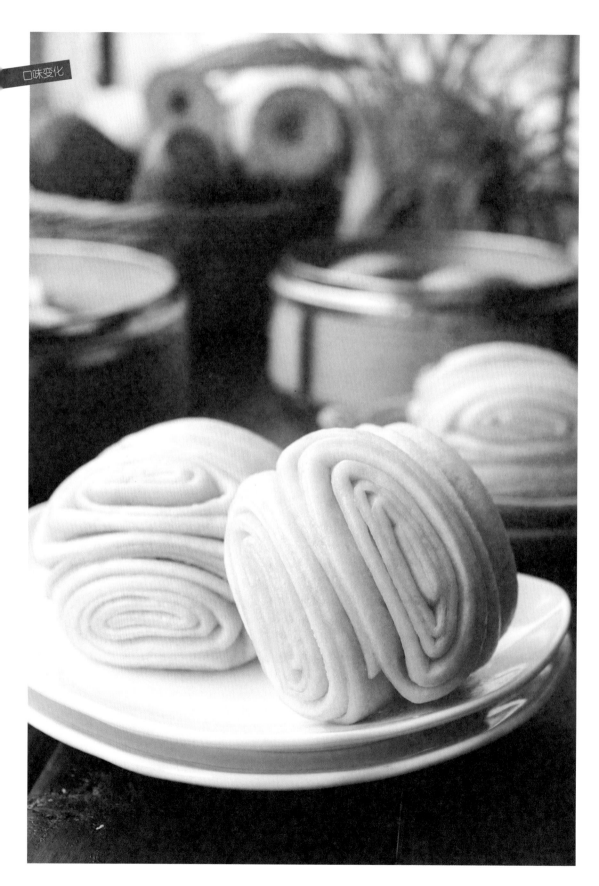

双色南瓜卷

原料

白面团: 面粉 240 克, 酵母 3 克, 温水 125 毫升

南瓜面团: 面粉 210 克, 南瓜(去皮去瓤)140 克, 酵母 2 克

做法

❶ 制作南瓜面团: 南瓜切片蒸熟, 捣成泥, 晾至不烫手后放入酵母搅匀。

❷ 面粉放入南瓜泥中, 搅匀后按照第 2~5 页的方法揉成光滑的面团, 盖好静置发酵。

❸ 将南瓜面团发酵至原来的 2 倍大。

❹ 制作白面团: 酵母加温水搅匀, 倒入面粉中, 按照第 2~5 页的方法揉成光滑的面团, 盖好后静置发酵。

❺ 将白面团发酵至原来的 2 倍大。

❻ 两种面团分别排气后揉光滑, 然后叠放在一起。

❼ 擀成约 0.2 厘米厚的长方形面片。

❽ 用小刷子在面片上刷一层油。

❾ 沿长边卷成卷。

❿ 用刀切成每个约 30 克重的剂子。

⓫ 按照 "肉松葱花卷" 的方法, 制成花卷, 盖上湿纱布, 醒 20 分钟。

⓬ 蒸锅放水, 蒸箅刷油, 放入花卷, 大火蒸 15 分钟后关火, 3 分钟后取出即可。

TIPS

因为面皮擀得比较薄, 而南瓜面团的黏性比较大, 所以花卷做好后不要用手接触切面, 以免切面处的面皮粘在一起影响美观。拿的时候尽量拿花卷的底部。

火腿肠卷

原料

面粉…………… 300 克

酵母…………… 3 克

温水………… 160 毫升

火腿肠………… 适量

TIPS

步骤 6 中,将剂子搓成条时,长度以火腿肠的 3 倍为宜。

做法

❶ 酵母加温水搅匀,倒入面粉中,按照第 2~5 页的方法揉成光滑的面团,盖好静置发酵。

❷ 将面团发酵至原来的 2 倍大。

❸ 取出面团,充分排气后揉光滑。

❹ 火腿肠撕去包装,切成两段。

❺ 面团搓成长条,分成每个约 20 克重的剂子,用湿纱布盖好。

❻ 剂子搓成细条。

❼ 如图,将长条从一头开始沿火腿肠缠绕起来。

❽ 盖上湿纱布,醒 20 分钟。

❾ 蒸锅放水,蒸箅刷油,放入火腿肠卷,大火蒸 12 分钟后关火,3 分钟后取出即可。

① ② ③ ④ ⑤ ⑥ ⑦ ⑧ ⑨

蝴蝶卷

原料

面粉……………… 300 克

酵母……………… 3 克

温水………… 160 毫升

TIPS

1. 步骤 6 中，两个卷要卷得一样大。

2. 步骤 10 中，可在两个卷相连的地方涂少许水再用筷子夹紧，这样两个卷会粘得更牢。用筷子夹的时候一定要夹紧，以免蝴蝶卷蒸好后散开。

做法

❶ 酵母加温水搅匀，倒入面粉中，按照第 2~5 页的方法揉成光滑的面团，盖好静置发酵。

❷ 将面团发酵至原来的 2 倍大。

❸ 取出面团，充分排气后揉光滑。

❹ 搓成长条，再分成每个约 25 克重的剂子。

❺ 剂子搓成细长条。

❻ 从两端向中间卷起。

❼ 将双卷靠在一起。

❽ 中间相连的地方用小刀切开。

❾ 切开处修饰成蝴蝶的触须。

❿ 用筷子将蝴蝶的身体拦腰夹一下。

⓫ 整成蝴蝶卷，盖上湿纱布，醒 20 分钟。

⓬ 蒸锅放水，蒸箅刷油，放入蝴蝶卷，大火蒸 12 分钟后关火，3 分钟后取出即可。

花朵红枣馍

原料

面粉·············· 200 克

酵母·············· 3 克

温水·············· 110 毫升

去核小红枣········ 适量

TIPS

1. 步骤 4 中，剂子要用湿纱布盖好，以免表面风干。

2. 步骤 9 中，可在花朵的中心部位涂少许水，这样花瓣会粘得更牢固。

做法

❶ 酵母加温水搅匀，倒入面粉中，按照第 2~5 页的方法揉成光滑的面团，盖好静置发酵。

❷ 将面团发酵至原来的 2 倍大。

❸ 取出面团，充分排气后揉光滑。

❹ 搓成长条，分成每个约 15 克重的剂子。

❺ 剂子搓成条，再压扁一些。

❻ 在正中间放一颗红枣。

❼ 对折起来，在接口处压一下使之粘在一起，做成一个小花瓣。

❽ 将小花瓣分别做好，如图 8 排列在一起。

❾ 相临两边用筷子夹一下使其更好地粘在一起，在中心放一颗红枣，盖上湿纱布，醒 20 分钟。蒸锅放水，笼屉刷油，放入红枣馍，大火蒸 12 分钟后关火，3 分钟后取出即可。

椒盐葱香猪蹄卷

原料

面粉…………… 200 克

酵母…………… 2 克

温水………… 110 毫升

葱花…………… 适量

椒盐…………… 适量

TIPS

步骤 5 中，面片不要擀得太厚，以免蒸好后成品不够形象。

做法

❶ 酵母加温水搅匀，倒入面粉中，按照第 2~5 页的方法揉成光滑的面团，盖好静置发酵。

❷ 将面团发酵至原来的 2 倍大。

❸ 取出面团，充分排气后揉光滑。

❹ 搓成长条，分成每个约 30 克重的剂子，用湿纱布盖好。

❺ 剂子擀成约 0.2 厘米厚的面片。

❻ 用小刷子在面片上刷一层油，撒上椒盐和葱花。

❼ 对折成半圆形，再刷一层油，撒上椒盐和葱花。

❽ 对折成扇形。

❾ 用小刀从扇形中心位置纵向切开至 2/3 处。

❿ 将扇形的两侧往后翻折，制成猪蹄卷。

⓫ 笼屉刷油，放入猪蹄卷。盖上湿纱布，醒 20 分钟。

⓬ 蒸锅放水，大火蒸 15 分钟后关火，3 分钟后取出即可。

菊花卷

原料

面粉…………… 210 克

南瓜(去皮去瓤)… 140 克

酵母……………… 2 克

TIPS

1. 步骤 5 中，在面片上刷油时，面片的每一个地方都要刷到。因为南瓜面团比较黏，而面片又擀得比较薄，刷油可避免面片卷成卷后粘在一起。

2. 步骤 8 中，两个剂子要夹得紧一些，以免菊花卷蒸好后散开。如果发现粘得不牢，可在两个剂子中间涂少许水再夹。

做法

❶ 南瓜切片蒸熟，捣成泥，晾至不烫手后加入酵母搅匀。

❷ 加入面粉搅匀，按照第 2~5 页的方法揉成光滑的面团，盖好静置发酵。

❸ 将面团发酵至原来的 2 倍大。

❹ 取出面团，充分排气后揉光滑。

❺ 面团按扁，擀成约 0.2 厘米厚的长方形面片，在面片上均匀地刷一层油。

❻ 沿短边卷成卷。

❼ 分成每个约 15 克重的剂子。

❽ 剂子切面朝上，两两靠在一起，用筷子在中间夹一下，使之形成 4 个花瓣。

❾ 用小刀将每一个花瓣切开。

❿ 用牙签将花瓣拨散，菊花卷就做好了。

⓫ 盖上湿纱布，醒 20 分钟。

⓬ 蒸锅放水，蒸箅刷油，放入花卷，大火蒸 12 分钟后关火，3 分钟后取出即可。

南瓜玫瑰卷

原料

面粉·············· 420 克

南瓜（去皮去瓤）··· 280 克

酵母·············· 4 克

TIPS

1. 步骤 12 中，玫瑰卷醒发时，湿纱布不能直接盖在玫瑰卷上，要盖在笼屉上，以免将花瓣压变形。

2. 做玫瑰花卷时，面皮以 6～10 片为宜，面皮太少做出来成品不好看，太多做出来的花卷太大。

做法

❶ 南瓜切片蒸熟，捣成泥，晾至不烫手后加入酵母搅匀。

❷ 加入面粉，按照第 2~5 页的方法揉成光滑的面团，盖好静置发酵。

❸ 将面团发酵至原来的 2 倍大。

❹ 取出面团，充分排气后揉光滑。

❺ 搓成长条，分成每个约 15 克重的剂子，用湿纱布盖好。

❻ 剂子按扁，擀成中间厚、边缘薄的面皮。

❼ 取几张面皮，一个压一个地排列起来，最上面放一条两头搓尖的小面条做花蕊。

❽ 用筷子压一下，使压痕处的面皮粘在一起。

❾ 由花蕊处开始卷起，卷成卷。

❿ 用刀从压痕处切开。

⓫ 切面朝下立起，制成花骨朵。

⓬ 稍微整理一下，制成玫瑰花卷。笼屉刷油，放入玫瑰卷。盖上湿纱布，醒 20 分钟。

⓭ 蒸锅放水，大火蒸 15 分钟后关火，3 分钟后取出即可。

双色蝴蝶卷

原料

白面团

面粉…………… 250 克

酵母…………… 3 克

温水………… 130 毫升

紫薯面团

面粉…………… 200 克

紫薯…………… 125 克

酵母…………… 3 克

温水…………40 毫升

TIPS

　　步骤 10 中，用筷子夹的时候要用力，使两个剂子粘在一起。如果发现剂子不能很好地粘在一起，可以在相连处涂少许水。

做法

❶ 制作紫薯面团：紫薯蒸熟后去皮，捣成泥。酵母加温水搅匀，倒入面粉中，再放入紫薯泥，按照第 2~5 页的方法揉成光滑的面团，盖好静置发酵。

❷ 将紫薯面团发酵至原来的 2 倍大。

❸ 制作白面团：酵母加温水搅匀，倒入面粉中，按照第 2~5 页的方法揉成光滑的面团，盖好静置发酵。

❹ 将白面团发酵至原来的 2 倍大。

❺ 两种面团分别排气后揉光滑，然后叠放在一起，按扁。

❻ 擀成约 0.2 厘米厚的长方形面片。

❼ 沿短边卷起，注意留出约 1 厘米长的边缘不卷。

❽ 切成每个约 15 克重的剂子。

❾ 将剂子两两靠在一起。

❿ 用筷子在剂子中间用力夹一下，制成蝴蝶卷。

⓫ 盖上湿纱布，醒 20 分钟。

⓬ 蒸锅放水，蒸箅刷油，放入花卷，大火蒸 15 分钟后关火，3 分钟后取出即可。

双色紫薯卷

原料

白面团

面粉……………… 250 克

酵母……………… 3 克

温水………… 130 毫升

紫薯面团

面粉……………… 200 克

紫薯……………… 125 克

酵母……………… 3 克

温水………… 40 毫升

TIPS

　　步骤 10 中，打结时不要拉得太紧。

做法

❶ 制作紫薯面团：紫薯蒸熟后去皮，捣成泥。

❷ 酵母加温水搅匀，倒入面粉中，再加入紫薯泥，按照第 2~5 页的方法揉成光滑的面团，盖好静置发酵。

❸ 将紫薯面团发酵至原来的 2 倍大。

❹ 制作白面团：酵母加温水搅匀，倒入面粉中，按照第 2~5 页的方法揉成光滑的面团，盖好静置发酵。

❺ 将白面团发酵至原来的 2 倍大。

❻ 两种面团分别排气后揉光滑，然后叠放在一起，按扁。

❼ 擀成约 0.2 厘米厚的长方形面片。

❽ 分成每片约 5 厘米宽的面片，每片面片中间用刀划 3 个口。

❾ 将面片朝相反方向搓成麻花状长条。

❿ 拿起两端打结。

⓫ 盖上湿纱布，醒 20 分钟。

⓬ 蒸锅放水，蒸箅刷油，放入花卷，大火蒸 15 分钟后关火，3 分钟后取出即可。

肉龙

原料

面皮

面粉…………… 300 克

温水………… 160 毫升

酵母……………… 3 克

馅料

猪肉…………… 200 克

调料

鸡蛋清…………… 1 个

料酒…………… 1 茶匙

生抽…………… 1 茶匙

老抽………… 1/2 茶匙

白糖………… 1/3 茶匙

香油………… 1/2 茶匙

盐………………… 适量

做法

❶ 酵母加温水搅匀，倒入面粉中，按照第 2~5 页的方法揉成光滑的面团，盖好静置发酵。

❷ 猪肉剁成末，放入所有调料，朝一个方向搅拌上劲。

❸ 将面团发酵至原来的 2 倍大。

❹ 取出面团，充分排气后揉光滑。

❺ 平均分成 2 个剂子。

❻ 将剂子按扁，擀成约 0.3 厘米厚的长方形面片，将馅料均匀地涂抹在面片上。

❼ 沿短边折好。

❽ 盖上湿纱布，醒 20 分钟。

❾ 蒸锅放水，蒸箅刷油，放入肉龙，大火蒸 20 分钟后关火，3 分钟后取出即可。

TIPS

发酵好的面团一定要充分排气后再揉光滑，做出的成品才美观。

南瓜豆沙卷

原料

面粉……………… 420 克

南瓜(去皮去瓤)… 280 克

酵母……………… 4 克

红豆沙…………… 适量

TIPS

　　豆沙馅如果太干不好涂抹，可事先加少许开水朝一个方向搅拌。

做法

❶ 南瓜切片蒸熟，捣成泥，晾至不烫手后加入酵母搅匀。加入面粉，按照第 2~5 页的方法揉成光滑的面团，盖好静置发酵。

❷ 将面团发酵至原来的 2 倍大。

❸ 取出面团，充分排气后揉光滑。

❹ 搓成长条，分成每个约 30 克重的剂子，用湿纱布盖好。

❺ 剂子搓成一头大、一头小的水滴形。

❻ 按扁，擀成约 0.2 厘米厚的面皮。在面皮上涂抹红豆沙。

❼ 由宽边向窄边卷起，制成豆沙卷。

❽ 盖上湿纱布，醒 20 分钟。

❾ 蒸锅放水，蒸箅刷油，放入花卷，大火蒸 15 分钟后关火，3 分钟后取出即可。

虾仁猪肉包

原料

面皮

面粉	300 克
温水	160 毫升
酵母	3 克

馅料

猪肉	200 克
鲜虾仁	100 克

调料 A

鸡蛋清	1 个
蚝油	1 茶匙
酱油	1 汤匙
白糖	1/2 茶匙
香油	1/2 茶匙
盐	适量

调料 B

盐	少许
料酒	少许

做法

❶ 酵母加温水搅匀，倒入面粉中，按照第 2~5 页的方法揉成光滑的面团，盖好静置发酵。

❷ 猪肉剁成末，放入调料 A，朝一个方向搅拌上劲。

❸ 鲜虾仁中放入调料 B，搅匀后腌一会儿。

❹ 将面团发酵至原来的 2 倍大。

❺ 取出面团，充分排气后揉光滑。

❻ 分成每个约 40 克重的剂子，用湿纱布盖好。

❼ 剂子按扁，擀成中间厚、边缘薄的面皮。

❽ 放入适量肉馅，在肉馅中间放一个虾仁。

❾ 从一端开始捏出褶子。

❿ 收口。

⓫ 盖上湿纱布，醒 20 分钟。

⓬ 蒸锅放水，蒸箅刷油，放入包子，大火蒸 18 分钟后关火，3 分钟后取出即可。

TIPS

加入调料后要朝一个方向搅拌，这样才容易将肉馅搅拌上劲。

香菇猪肉馅

原料

主料：猪肉 200 克，水发香菇 5 朵
调料：鸡蛋清 1 个，料酒 1 茶匙，酱油
1 汤匙，香油 1/2 茶匙，白糖 1/2 茶匙，
盐适量

做法

❶ 猪肉剁成肉末，加入所有调料，朝一
个方向拌匀上劲。
❷ 水发香菇切成碎末，放入肉末中，继
续朝一个方向搅匀。

TIPS

　　水发香菇就是用清水泡发的干香菇，
将干香菇提前约 2 小时用清水泡发洗净沥
干即可。

香甜花生馅

原料

花生米 150 克，白糖适量

做法

❶ 花生米放入锅中（无须放油），小火炒香。
❷ 炒香的花生米晾至不烫手后，搓去红衣。
❸ 放入搅拌机中打碎，加入适量白糖搅匀，
制成花生馅料。

TIPS

　　炒花生米时要用小火，以免炒煳。炒至
花生米发出"啪啪"的响声后再稍炒一会儿
即可。刚炒好的花生米不酥香，晾凉后就会
变得又香又脆。

水煎包

原料
生包子适量，熟黑芝麻适量，葱花适量

做法
❶ 平底锅烧热倒油，放入醒好的包子，小火煎约 1 分钟。
❷ 取少量面粉，加适量水搅匀。
❸ 将面粉水沿锅边淋入，约至包子的1/3 处。
❹ 盖上锅盖，转中火，焖至锅中水干后转小火，加少许油，将包子煎至底部金黄酥脆。最后撒入适量熟黑芝麻和葱花即可。

TIPS
1. 面粉水中面粉与水的比例约为 1∶15，淋入面粉水时，要沿锅边淋入，避免淋在包子上，影响包子胀发。
2. 锅中水干后要转小火，以免烧焦。
3. 步骤 4 中，锅中水干后打开锅盖，淋入少许油将包子再煎一会儿，这样煎出来的包子外焦里嫩味道好。

柳叶包

原料

面皮

面粉……………… 300 克
酵母……………… 3 克
温水………… 160 毫升

馅料

猪肉……………… 200 克
熟玉米粒………… 100 克

调料

蚝油……………… 1 茶匙
白糖………… 1/3 茶匙
酱油……………… 1 茶匙
香油………… 1/2 茶匙
鸡蛋清…………… 1 个
料酒……………… 1 茶匙
盐………………… 适量

做法

❶ 酵母加温水搅匀，倒入面粉中，按照第 2~5 页的方法揉成光滑的面团，盖好静置发酵。

❷ 猪肉剁成末，放入所有调料，朝一个方向搅拌上劲。

❸ 加入熟玉米粒搅匀。

❹ 将面团发酵至原来的 2 倍大。

❺ 取出面团，充分排气后揉光滑。

❻ 搓成长条，分成每个约 40 克重的剂子，用湿纱布盖好。

❼ 剂子按扁，擀成中间厚、边缘薄的面皮，放入适量馅料。

❽ 在面皮一端捏一个褶。

❾ 再左右交替捏褶。

❿ 收口。

⓫ 盖上湿纱布，醒 20 分钟。

⓬ 蒸锅放水，笼屉刷油，放入柳叶包，大火蒸 18 分钟后关火，3 分钟后取出即可。

TIPS
玉米粒要先煮熟，生玉米粒在包子里很难蒸熟。

奶黄包

原料

面皮

面粉…………… 300 克

酵母…………… 3 克

温水…………… 160 克

馅料

鸡蛋…………… 2 个

白糖…………… 30 克

奶粉…………… 25 克

玉米淀粉………… 30 克

澄粉…………… 10 克

炼奶…………… 25 克

淡奶油………… 40 克

椰浆…………… 40 克

黄油…………… 30 克

盐……………… 1 克

TIPS

　　炒制奶黄馅时，要用勺子一直不停搅拌，以免煳底。

做法

❶ 酵母加水搅匀，倒入面粉中，按照第 2 ~ 5 页的方法揉成光滑的面团，盖好后静置发酵。

❷ 鸡蛋磕入盆中，加入白糖与盐，充分搅匀；加入淡奶油、椰浆、炼奶，搅匀。

❸ 玉米淀粉、澄粉、奶粉混合，筛入鸡蛋液中，搅匀成糊并用漏筛过滤一次，这样更细腻。

❹ 放入黄油。

❺ 锅中加水烧开，将装有面糊的盆放入水中，隔水加热，用勺子不停地搅拌，至奶黄馅凝固熟透，取出放凉后盖保鲜膜入冰箱冷藏备用。

❻ 面团发酵至原来的 2 倍大。

❼ 取出面团，排气后揉光滑。

❽ 分成约 40 克重的剂子，将剂子擀成中间厚边缘薄的面皮。

❾ 面皮上放适量奶黄馅。

❿ 包成包子，收口捏紧。

⓫ 收口朝下放在案板上，整形。做好的生坯用湿纱布盖起来，醒约 20 分钟。

⓬ 蒸锅放水，蒸箅刷油，放入包子，水烧开后再蒸 15 分钟关火，3 分钟后取出即可。

芝麻糖三角

原料

面皮

面粉……………… 300 克

酵母……………… 3 克

温水………… 160 毫升

馅料

红糖……………… 70 克

熟黑芝麻粉……… 17 克

面粉……………… 15 克

做法

❶ 酵母加温水搅匀，倒入面粉中。

❷ 按照第 2~5 页的方法揉成光滑的面团，盖好静置发酵。

❸ 馅料中所有原料混合均匀。

❹ 将面团发酵至原来的 2 倍大。

❺ 取出面团，充分排气后揉光滑。

❻ 搓成长条，分成每个约 30 克重的剂子，用湿纱布盖好。

❼ 剂子按扁，擀成中间厚、边缘薄的面皮，放入适量馅料。

❽ 包成三角状。

❾ 蒸锅放水，蒸箅上铺油纸，放入糖三角醒 20 分钟。大火蒸 15 分钟后关火，3 分钟后取出即可。

TIPS

1.熟黑芝麻粉可以在超市购买，也可以自己制作——将黑芝麻小火炒香，放入搅拌机中打成粉即可。

2.馅料中加少许面粉是为了防止糖三角蒸熟后红糖流出来，但是面粉不能加得太多，否则影响口感。

玉米面芝麻包

原料

面皮

玉米面………… 125 克

面粉………… 125 克

温水………… 130 毫升

酵母………… 3 克

馅料

红糖………… 70 克

熟黑芝麻粉……… 18 克

面粉………… 15 克

做法

❶ 酵母加温水搅匀。玉米面与面粉混合均匀，倒入酵母水，按照第 2~5 页的方法揉成光滑的面团，盖好静置发酵。

❷ 馅料中所有原料放入碗中搅匀。

❸ 将面团发酵至原来的 2 倍大。

❹ 取出面团，充分排气后揉光滑。

❺ 搓成长条，分成每个约 40 克重的剂子，用湿纱布盖好。

❻ 剂子按扁，捏成中间厚、边缘薄的面皮，放入适量馅料。

❼ 收口。

❽ 收口朝下，整形，盖上湿纱布醒 20 分钟。

❾ 蒸锅放水，蒸箅刷油，放入包子，大火蒸 15 分钟后关火，3 分钟后取出即可。

TIPS

1. 馅料中加少许面粉是为了防止包子蒸熟后红糖流出来，但是面粉不能加得太多，否则影响口感。

2. 玉米面与面粉的比例可根据个人喜好调整，玉米面比较粗，如果不喜欢，可增加面粉的用量。

红枣包

原料

面粉·············· 300 克

酵母·············· 3 克

温水············ 160 毫升

大红枣··············· 适量

TIPS

1. 要选用大的红枣，若红枣较小，剂子也要小一些。

2. 将剂子擀成面皮时，不能擀得太薄。面皮的长度以刚好能将红枣裹住为宜。

做法

❶ 酵母加温水搅匀，倒入面粉中，按照第 2~5 页的方法揉成光滑的面团，盖好静置发酵。

❷ 大红枣洗净，用厨房纸擦干表面水分。

❸ 将面团发酵至原来的 2 倍大。

❹ 取出面团，充分排气后揉光滑。

❺ 搓成长条，分成每个约 30 克重的剂子，用湿纱布盖好。剂子按扁，擀成椭圆形。

❻ 在面皮的一头放入一颗大红枣。

❼ 卷成卷。

❽ 笼屉刷油，放入红枣包。盖上湿纱布，醒 20 分钟。

❾ 蒸锅放水，大火蒸 15 分钟后关火，3 分钟后取出即可。

双色紫薯包

原料

白面团

面粉⋯⋯⋯⋯⋯ 150 克

酵母⋯⋯⋯⋯⋯ 2 克

温水⋯⋯⋯⋯⋯ 80 毫升

紫薯面团

面粉⋯⋯⋯⋯⋯ 160 克

紫薯⋯⋯⋯⋯⋯ 100 克

酵母⋯⋯⋯⋯⋯ 2 克

温水⋯⋯⋯⋯⋯ 30 毫升

馅料

紫薯⋯⋯⋯⋯⋯ 300 克

牛奶⋯⋯⋯⋯⋯ 30 毫升

炼乳⋯⋯⋯⋯⋯ 30 克

熟黑芝麻粉⋯⋯ 1 汤匙

白糖⋯⋯⋯⋯⋯ 适量

做法

❶ 制作紫薯面团：紫薯蒸熟后去皮，捣成泥，晾至不烫手。酵母加温水搅匀，倒入面粉中，再加入 100 克紫薯泥，按照第 2~5 页的方法揉成光滑的面团，盖好静置发酵。

❷ 制作白面团：酵母加温水搅匀，倒入面粉中，按照第 2~5 页的方法揉成光滑的面团，盖好静置发酵。

❸ 取 300 克紫薯泥，加入牛奶、白糖、炼乳和黑芝麻粉搅匀，制成馅料。

❹ 将紫薯面团发酵至原来的 2 倍大。

❺ 将白面团发酵至原来的 2 倍大。

❻ 两种面团分别排气后揉光滑，然后叠放在一起，按扁。

❼ 擀成约 0.3 厘米厚的长方形面片。

❽ 从短边开始卷成卷。

❾ 用刀切成大小均匀的剂子。

❿ 剂子按扁，擀成中间厚、边缘薄的面皮，放入适量馅料。放入馅料时，要使面皮接触擀面杖的一面朝外（这面花纹较清晰），这样做出来的成品才好看。

⓫ 收口。收口朝下放置，整形。

⓬ 笼屉刷油，放入紫薯包。盖上湿纱布，醒 20 分钟。

⓭ 蒸锅放水，大火蒸 15 分钟后关火，3 分钟后取出即可。

南瓜包

原料

面皮

面粉…………… 420 克

南瓜(去皮去瓤)… 280 克

酵母…………… 5 克

馅料

红糖…………… 150 克

熟黑芝麻粉……… 50 克

面粉…………… 20 克

装饰

葡萄干………… 适量

TIPS

　　馅料中加少许面粉是为了防止包子蒸熟后红糖流出来，但是面粉不能加得太多，否则影响口感。

做法

❶ 南瓜切片，放入蒸锅中蒸熟。蒸熟的南瓜捣成泥，晾至不烫手后加入酵母，搅匀。

❷ 加入面粉，搅成絮状。

❸ 按照第 2~5 页的方法揉成光滑的面团，盖好静置发酵。

❹ 馅料中所有原料搅匀。

❺ 将面团发酵至原来的 2 倍大。

❻ 取出面团，充分排气后揉光滑。

❼ 搓成长条，分成每个约 30 克重的剂子，用湿纱布盖好。

❽ 剂子按扁，擀成中间厚、边缘薄的面皮，放入适量馅料。

❾ 收口，将收口朝下放置，整成表面光滑的圆球。

❿ 用刀背在表面划几道。在顶部放一颗葡萄干做装饰，南瓜包就做好了。

⓫ 盖上湿纱布，醒 20 分钟。

⓬ 蒸锅放水，蒸算刷油，放入南瓜包，大火蒸 15 分钟后关火，3 分钟后取出即可。

刺猬包

原料

面粉…………… 300 克
酵母…………… 3 克
温水………… 160 毫升
红豆沙………… 适量
黑芝麻………… 少许

TIPS

1. 将剂子捏成面皮时，不要捏得太薄，否则在刺猬身上剪刺时容易露出馅料。

2. 剪刺时，后一排的刺与前一排的刺错开，即后一排的刺刚好在前一排两根刺的中间，这样才美观。

做法

❶ 酵母加温水搅匀，倒入面粉中，按照第 2~5 页的方法揉成光滑的面团，盖好静置发酵。

❷ 将面团发酵至原来的 2 倍大。

❸ 取出面团，充分排气后揉光滑。

❹ 搓成长条，分成每个约 40 克重的剂子，用湿纱布盖好。

❺ 剂子压扁，捏成中间厚、边缘薄的面皮。

❻ 放入适量红豆沙。

❼ 收口。

❽ 捏成一头尖、一头圆的形状。

❾ 用剪刀剪出刺。

❿ 粘上黑芝麻做眼睛，刺猬包就做好了。

⓫ 蒸锅放水，蒸箅刷油，放入刺猬包，盖上湿纱布（湿纱布不要直接盖在刺猬包上，要盖在笼屉上，以免将刺压塌），醒20 分钟。

⓬ 大火蒸 15 分钟后关火，3 分钟后取出即可。

双色发糕

原料

南瓜面团

南瓜(去皮去瓤)… 140 克

面粉………… 210 克

酵母………… 3 克

紫薯面团

紫薯………… 125 克

面粉………… 200 克

温水………… 45 毫升

酵母………… 3 克

TIPS

步骤 6 中，将南瓜面团与紫薯面团揉在一起时，轻揉几下即可，无须揉匀，这样做出来的成品才会颜色分明。

做法

❶ 制作南瓜面团：南瓜切片蒸熟，捣成泥，晾至不烫手后加入酵母搅匀。面粉放入南瓜泥中搅匀，按照第 2~5 页的方法揉成光滑的面团，盖好静置发酵。

❷ 制作紫薯面团：紫薯蒸熟，捣成泥，晾至不烫手。酵母加温水搅匀，倒入面粉中，放入紫薯，按照第 2~5 页的方法揉成光滑的面团，盖好静置发酵。

❸ 将南瓜面团发酵至原来的 2 倍大。

❹ 将紫薯面团发酵至原来的 2 倍大。

❺ 两种面团分别排气，再次揉光滑，然后叠放在一起。

❻ 稍微揉几下，将两个面团揉在一起（无须揉匀）。

❼ 将揉好的面团放在刷有一层油的容器中。

❽ 盖上湿纱布，面团再次发酵至 2 倍大。

❾ 放入蒸锅中，大火蒸 20 分钟后关火，3 分钟后取出即可。

南瓜芝麻饼

原料

面皮

面粉·············· 420 克

南瓜(去皮去瓢)··· 280 克

酵母·············· 5 克

馅料

红糖·············· 100 克

熟黑芝麻粉········ 30 克

面粉·············· 20 克

TIPS

　　步骤 6 中，将剂子擀成面片时，要在案板及剂子上撒少许面粉防粘。

做法

❶ 南瓜切片蒸熟，捣成泥，晾至不烫手后加入酵母搅匀。

❷ 加入面粉搅匀，按照第 2~5 页的方法揉成光滑的面团，盖好静置发酵。

❸ 馅料中的所有原料放入碗中搅匀。

❹ 将面团发酵至原来的 2 倍大。

❺ 面团排气后揉光滑，再分成每个约 80 克重的剂子，用湿纱布盖好。

❻ 剂子擀成约 0.2 厘米厚的长方形面片，面片上均匀地撒上馅料。

❼ 沿长边卷成卷。

❽ 从一端卷至另一端。

❾ 擀成约 0.3 厘米厚的面饼，盖上湿纱布醒 20 分钟。平底锅烧热倒油，放入饼，烙至两面金黄即可。

发面玉米饼

原料

玉米面·············· 150 克

面粉················ 100 克

温水·············· 135 毫升

酵母················· 3 克

TIPS

1. 如果喜欢甜味，可在和
面时加入适量白糖。

2. 烙饼时要用小火，否则
容易烙焦。

做法

❶ 酵母加温水搅匀。玉米面与面粉混合均匀，倒入酵母水，
搅成絮状。

❷ 按照第 2~5 页的方法揉成光滑的面团，盖好静置发酵。

❸ 将面团发酵至原来的 2 倍大。

❹ 取出面团，充分排气后揉光滑，然后搓成长条。

❺ 分成每个约 25 克重的剂子。

❻ 将剂子搓成长条，按扁。

❼ 从一端卷至另一端。

❽ 轻轻按成饼，盖上湿纱布，醒 20 分钟。

❾ 平底锅烧热倒油，放入饼，烙至两面金黄即可。

椒盐葱花发面饼

原料

面粉…………… 200 克

温水………… 115 毫升

酵母…………… 2 克

椒盐…………… 适量

葱花…………… 适量

TIPS

1. 步骤 3 中剂子要用湿纱布盖好，以免表面风干。

2. 烙饼时火不要太大，否则容易烙焦。

做法

❶ 酵母加温水搅匀，倒入面粉中，按照第 2~5 页的方法揉成光滑的面团，盖好静置发酵。

❷ 将面团发酵至原来的 2 倍大。

❸ 取出面团，充分排气后揉光滑，再分成每个约 60 克重的剂子。

❹ 剂子擀成约 0.3 厘米厚的长方形面片，在面片上刷一层油，均匀地撒上椒盐和葱花。

❺ 将面片折好。

❻ 用两手按住两头，朝相反的方向将其搓成长条。

❼ 从一端卷至另一端。

❽ 擀成约 0.5 厘米厚的饼，盖上湿纱布，醒 20 分钟。

❾ 平底锅烧热倒油，放入饼，烙至两面金黄即可。

口袋饼

原料

面粉 …………… 300 克
酵母 …………… 3 克
温水 ………… 160 毫升

TIPS

1. 在面片上刷油时，一定要刷均匀，以免饼烙熟后层次不分明。

2. 烙饼时，锅内刷少许油即可。

做法

❶ 酵母加温水搅匀，倒入面粉中，按照第 2~5 页的方法揉成光滑的面团，盖好静置发酵。

❷ 将面团发酵至原来的 2 倍大。

❸ 取出面团，充分排气后揉光滑，然后擀成长方形面片，在面片上均匀地刷一层油。

❹ 沿长边卷成卷。

❺ 切成每个约 45 克重的剂子，用湿纱布盖好。

❻ 将剂子的四个角捏在一起，整成球形。

❼ 收口朝下，按扁。擀成约 0.5 厘米厚的牛舌状。盖上湿纱布，醒 20 分钟。

❽ 平底锅刷一层油，放入饼，小火烙至两面金黄即可。

❾ 从中间切开，口袋饼就做好了。可以放入自己喜欢的蔬菜食用。

绿豆沙酥饼

原料

面皮

面粉·············· 200 克

酵母·············· 2 克

温水·············· 110 毫升

油酥

油··············· 40 毫升

面粉·············· 25 克

馅料

绿豆沙·············· 适量

装饰

白芝麻·············· 适量

TIPS

　　油酥中含有油分，烙饼时无须放油。

做法

❶ 制作油酥：将油烧热，倒入面粉中，搅匀。

❷ 酵母加温水搅匀，倒入面粉中，按照第 2~5 页的方法揉成光滑的面团，盖好静置发酵。

❸ 将面团发酵至原来的 2 倍大。

❹ 取出面团，充分排气后揉光滑，再擀成约 0.3 厘米厚的长方形面片，在面片上均匀地涂抹上油酥。

❺ 沿长边卷成卷。

❻ 切成每个约 50 克重的剂子，用湿纱布盖好。

❼ 剂子按扁，四个角稍稍拉长。

❽ 将四个角捏在一起。

❾ 收口朝下，整成球形。按扁，捏成中间厚、边缘薄的面皮。

❿ 包入绿豆沙，收口。

⓫ 收口朝下，按成约 1 厘米厚的面饼。

⓬ 表面沾上芝麻，盖上湿纱布，醒 20 分钟。

⓭ 平底锅烧热，放入饼，小火烙至两面金黄即可。

油条

原料

高筋面粉········· 400 克
酵母················· 4 克
鸡蛋················· 1 个
温水··········· 230 毫升
白糖················· 20 克
油················· 20 毫升
小苏打··············· 4 克
盐··················· 4 克

TIPS

1.面要和得软一些，油条才好吃。面团一定要充分发酵，否则油条不够松脆。
2.炸油条的油要足够热，油条放入后应该立即浮起胀大，炸之前可先放入一小块面团试一试。

做法

❶ 酵母加 170 毫升温水搅匀。

❷ 面粉倒入盆中，放入白糖和油，打入鸡蛋，用筷子搅匀。酵母水倒入面粉中，按照第 2~5 页的方法揉成光滑的面团（此时面团有些硬），盖上湿纱布，放在温暖处发酵。

❸ 将面团发酵至原来的 2 倍大。

❹ 小苏打和盐放入小碗中，倒入 60 毫升温水，搅至溶解。

❺ 用手蘸调好的小苏打水，分次揉入发酵好的面团中。

❻ 小苏打水全部揉入面团中，将面团再次揉光滑（此时面团会比较软）。

❼ 盖上湿纱布，再次发酵至 2 倍大。

❽ 用小刷子在案板上刷一层油。面团放在案板上揉匀（面团吸油后又会变软一些），静置一会儿。

❾ 擀成约 0.5 厘米厚的长方形面片。

❿ 切成约 2 厘米宽的长条。

⓫ 长条两两叠放在一起，用筷子在中间压一下，然后捏住两端拉长一些，醒 20 分钟。

⓬ 炒锅中倒油，大火烧热，放入油条，用筷子不停翻动，炸至油条表面金黄后捞出沥油。

2

Chapter

水调面团类

面粉掺水后直接搅拌、揉匀且没有经过发酵的面团，我们称为水调面团。根据水温不同，水调面团大体可分为冷水面团、温水面团和热水面团三类。本章中介绍的41款面食就包括冷水面团类、温水面团类和热水面团类这三大类。

水调面团的制作

　　面粉掺水后直接搅拌、揉匀且没有经过发酵的面团，我们称为水调面团，也叫实面团，俗称死面、呆面。面条、饺子和死面饼等都是用水调面团制作的面食。

　　根据水温不同，水调面团大体可分为冷水面团、温水面团和热水面团三类。

　　冷水面团和面的水温在30℃以下。特点是色白有光泽、韧性强、延展性好、拉力大，成品口感爽滑筋道，主要适用于制作水煮类面食，如面条、水饺和馄饨等。制作面条和水饺皮时，还可以在面粉中添加少量盐，以增强面团的韧性，使成品的口感更筋道。

　　温水面团和面的水温约为50℃。其的特点是色较白，稍有光泽，有一定的韧性、可塑性和黏性，较易成形，成品口感柔中有劲，适合制作各种花式饺子和家常饼等。

　　热水面团，也叫烫面面团，和面的水温在70℃以上。特点是色暗无光泽，无韧性，面团柔软，可塑性强，成品不易变形，口感软糯细腻，略带甜味，适合制作烫面包子和蒸饺等。和面的水温越高，做出的成品就越软——容易粘牙。因此，我们在制作热水面团时要根据需要掺入一部分冷水，即先用一部分热水将面粉搅成絮状，再添加少量冷水搅拌并揉匀，这样可以使成品口感糯而不粘。

做法

❶ 将水倒入面粉中，边倒边将面粉搅拌成絮状。

❷ 用手将面絮抓揉在一起。

❸ 将面团取出放在案板上（也可直接在盆里揉面，取出放在案板上好操作一些）。一只手按住面团的一端，另一只手的手腕用力将面团朝前推揉出去。

❹ 用手指顺势钩住面团并将面团拉回来。

❺ 重复步骤3~4，反复揉搓几次，将面团揉成筒状。

❻ 把面团竖起来，与之前一样一只手按住面团，另一只手手腕用力将面团朝前推揉出去。

❼ 再用手指钩住面团并将面团拉回来，如此反复多次。

❽ 揉成表面光滑细腻的面团。

❾ 用湿纱布或保鲜膜将面团盖好，静置20分钟左右。

TIPS

1. 揉面的方法与发面面团的相同，面要揉匀、揉透。

2. 温水面团的揉面时间可比揉冷水面团的短一些。

3. 制作热水面团倒入热水时，要用画圈的方式将面烫熟、烫透。不要将热水倒在一个地方，这样面会烫得不均匀，成品里面没有被烫熟的面会形成小白点，影响美观。

4. 制作热水面团时，应先加热水将面粉搅成絮状，再添加少量冷水搅拌并揉匀，冷水的用量要根据实际情况或个人喜好调整。冷水越少，面团就越软、越黏。

手擀面

原料

面粉……………… 300 克
冷水………… 130 毫升
盐………………… 2 克

做法

❶ 盐放入面粉中搅匀，倒入水，按照第 92~93 页的方法，揉成光滑的面团，盖上湿纱布醒 30 分钟。

❷ 取出醒好的面团，反复揉压后按扁。

❸ 撒少许干面粉，擀成圆面片。

❹ 擀至面片上没有干面粉时再撒一些防粘，用擀面杖将面片卷起来擀。

❺ 擀成约 0.1 厘米厚的面片，将面片折起来。

❻ 切成约 0.5 厘米宽的条。

❼ 在切好的面条上撒少许干面粉，然后将面条抖散。

TIPS

　　做手擀面时，面要和得硬一些，面团要反复揉，这样做出来的面条才筋道。

翡翠手擀面

原料

菠菜 200 克，面粉 300 克，盐少许，水约 60 毫升，蛋清一个

做法

❶ 菠菜洗净，放入沸水中焯烫约 1 分钟，捞出用冷水过凉沥干。

❷ 将焯烫后的菠菜切碎，放入搅拌机，加约 60 毫升水，搅碎成泥。

❸ 滤出菠菜汁。

❹ 取约 135 毫升菠菜汁，加入盐、蛋清拌匀，再加入面粉，拌匀。

❺ 按照第 92~93 页的方法揉成光滑的面团，盖好后静置约 30 分钟。

❻ 将醒好的面团取出，按照第 95 页的方法擀面、切面并抖散。

TIPS

1. 面要多揉一会儿，做面条的面要和得硬一些。

2. 和面的时候加盐和蛋清，都是为了让面更筋道。

3. 擀面的时候，当擀至面片上没有干粉时就要再撒上一些防粘。

南瓜手擀面

原料

南瓜 200 克，高筋面粉 350 克，盐约 2 克

做法

❶ 南瓜切片蒸熟，捣成泥状，晾凉。

❷ 加入面粉、盐，按照第 92~93 页的方法揉成光滑的硬面团，然后盖上湿纱布醒约 30 分钟。

❸ 面团醒好后，按照第 95 页的方法擀面、切面并抖散。

TIPS

1. 用料中面粉的用量仅做参考，具体用量根据南瓜泥中水分含量的不同而变化；不过要注意的是做手擀面的面团一定要和得硬一些，这样做出来的面条口感才筋道。

2. 面要多揉一会儿。

3. 擀面的时候，当擀至面片上没有干粉时就要再撒上一些防粘。

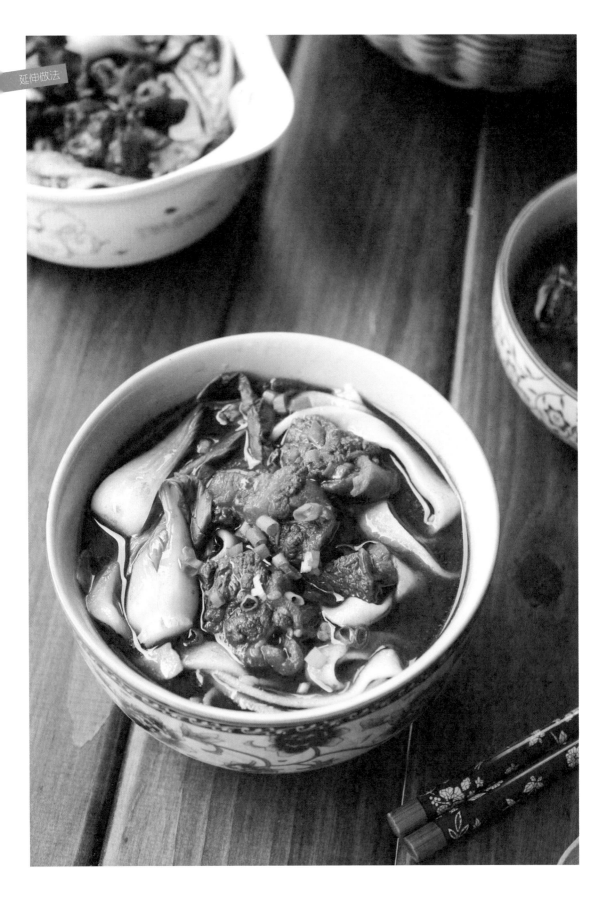

红烧牛腩面

原料

主料: 手擀面适量，牛腩 250 克，青菜适量

调料: 八角 2 个，桂皮 1 小块，香叶 2 片，郫县豆瓣酱 2 汤匙，蒜 2 瓣，姜 1 小块，白糖 1 茶匙，生抽 1 汤匙，老抽 1 汤匙，料酒 1 汤匙，盐适量，葱花适量

做法

❶ 牛腩洗净切块沥干，郫县豆瓣酱剁碎，姜切片，蒜去皮切片，八角、桂皮和香叶洗净。

❷ 炒锅烧热倒油，放入郫县豆瓣酱，小火炒出红油。

❸ 倒入约 2000 毫升水，开大火。

❹ 水开后滤出汤，辣椒渣不要。

❺ 另起锅，倒入适量油，放入八角、桂皮、香叶、蒜片和姜片，小火炒香。放入牛腩，转大火，炒至变色。倒入料酒、生抽和老抽，炒上色。

❻ 炒好的牛腩与锅中的香料一起倒入高压锅中，倒入步骤 4 过滤后的汤，加入盐和白糖。

❼ 盖上锅盖，大火烧至冒汽后转中火，煮约 40 分钟，关火放汽后打开锅盖，捞出牛腩。

❽ 锅中倒入适量水烧开，下入手擀面，煮熟。

❾ 再次烧开后下青菜，煮熟后将面条与青菜捞入碗中，加牛腩和汤，撒上葱花即可。

TIPS

1. 面条擀好后可直接下锅，但先晾 30 分钟再下锅，口感会更好。
2. 郫县豆瓣酱比较咸，所以煮面时要少放一些盐。

猫耳朵

原料

面粉……………… 200 克
冷水……………… 90 毫升
盐………………… 2 克

做法

❶ 盐放入面粉中搅匀。

❷ 加水，按照第 92~93 页的方法揉成光滑的面团，盖上湿纱布醒 30 分钟。

❸ 取出面团，充分排气后揉光滑。

❹ 擀成约 0.3 厘米厚的面片。

❺ 切成约 1 厘米宽的长条。

❻ 再切成指甲盖大小的面片。

❼ 取一块面片，放在竹帘上，大拇指按住面片，轻轻向前推压。

❽ 做成猫耳朵。

TIPS

1. 面团要反复揉，这样做出来的猫耳朵才筋道。

2. 如果没有竹帘，可将小面片放在案板上推压，不过这样做出来的猫耳朵表面没有花纹。

烩猫耳朵

原料

主料：猫耳朵适量，番茄 120 克，洋葱 30 克，鲜香菇 25 克，鸡蛋 1 个
调料：生抽 1 小匙，白糖 1/3 小匙，盐适量，葱花少许

做法

❶ 番茄切片，洋葱与香菇切丝，鸡蛋打散成蛋液。
❷ 锅内放入适量的水，烧开，下猫耳朵。煮熟后用漏勺捞出，沥干，备用。
❸ 锅内放油，下香菇与洋葱，炒出香味。
❹ 下番茄，炒匀。
❺ 放入适量的水，烧开后下煮好的猫耳朵。
❻ 淋入蛋液，放入盐、生抽、白糖、葱花，用锅铲轻轻推匀即可。

炒猫耳朵

原料

主料：猫耳朵适量，番茄 150 克，猪肉 80 克

调料：生抽 1 汤匙，白糖 1/2 茶匙，盐适量，葱花适量

做法

❶ 猪肉剁成末，加入少许盐和部分白糖搅匀；番茄去皮切碎。

❷ 锅中倒入适量水烧开，下入猫耳朵。水开后倒入少许冷水。

❸ 猫耳朵煮熟后用漏勺捞出，沥干。

❹ 炒锅烧热倒油，下入肉末，炒至出油变色。

❺ 放入番茄碎炒匀，加入少许水，煮一两分钟。

❻ 放入煮好的猫耳朵炒匀，再放入盐、生抽、葱花和剩余白糖，炒匀即可。

TIPS

番茄去皮小窍门：在番茄两端切十字花刀，放入沸水中烫一下，捞出后即可轻松撕去表皮。

牛肉馄饨

原料

主料

牛肉…………… 150 克

大葱…………… 30 克

馄饨皮………… 适量

调料 A

酱油…………… 1 茶匙

淀粉…………… 1 茶匙

白糖………… 1/3 茶匙

鸡蛋清………… 1 个

料酒…………… 1 茶匙

油……………… 1 汤匙

黑胡椒粉……… 少许

盐……………… 适量

调料 B

白糖………… 1/3 茶匙

香油………… 1/3 茶匙

鸡精…………… 少许

盐……………… 适量

葱花…………… 适量

做法

❶ 牛肉剁成末，大葱切末。

❷ 肉末中放入调料 A，朝一个方向搅拌上劲。放入大葱末，继续朝一个方向搅匀。

❸ 取一张馄饨皮，放入适量馅料。

❹ 将馄饨皮对折。

❺ 将有馅料的地方再往上折，注意留出约 1/4 的馄饨皮。

❻ 用中指压住有馅料的地方。

❼ 将馄饨皮底边的两个角捏在一起，制成馄饨。

❽ 锅中倒入适量水烧开，下入馄饨，煮熟。

❾ 碗中放入调料 B，将煮好的馄饨与汤一起舀入碗中即可。

TIPS

1. 市售的馄饨皮比较干，包的时候可以在馄饨皮的两个角上涂少许水，这样就容易粘住了。如果是自己擀的馄饨皮就不需要涂水。

2. 大葱末要等快包馄饨时再放入馅料中，这样葱香味会更浓。

三鲜馅

原料

主料：猪肉末 160 克，鲜虾仁 80 克，上海青 100 克

调料：酱油 1 茶匙，料酒 1 茶匙，白糖 1/3 茶匙，鸡蛋清 1 个，香油 1/2 茶匙，盐适量

做法

❶ 鲜虾仁剁成末；上海青洗净沥干后切碎，加少许油拌匀，锁住菜叶中的水分尽量少出水。

❷ 剁碎的虾仁放入肉末中，放入所有调料，朝一个方向搅拌上劲。

❸ 放入上海青末，继续朝一个方向搅匀。

鸡肉香菇馅

原料

主料：鸡肉 160 克，鲜香菇 80 克

调料：酱油 1 茶匙，白糖 1/2 茶匙，鸡蛋清 1 个，料酒 1 茶匙，黑胡椒粉少许，姜 1 小块（切成姜末），盐适量

做法

❶ 鸡肉剁成末，放入所有调料，朝一个方向搅拌上劲。

❷ 鲜香菇洗净挤干，切成小丁，放入肉末中。

❸ 继续朝一个方向搅匀。

香煎馄饨

原料

生馄饨适量，葱花适量，熟黑芝麻少许

做法

❶ 平底锅烧热，倒少许油，放入馄饨生坯，小火煎约半分钟。

❷ 沿锅边倒入 1 小碗热水，大约至馄饨的 1/4 处。

❸ 盖上锅盖，中火焖，其间转动几次锅使馄饨受热均匀，焖至水干。

❹ 打开锅盖，淋入适量油，小火将馄饨煎至底面金黄酥脆。

❺ 撒上葱花与熟黑芝麻即可。

TIPS

　　煎馄饨时，将锅中水焖干后馄饨已经熟了，但是馄饨的底面还没有煎黄，要再淋入油煎一会儿，这样底面就会金黄酥脆，吃起来更香。

葱油拌馄饨

原料

生馄饨适量，辣椒油 1 小匙，白糖 0.3 小匙，盐适量，酱油 1 小匙，陈醋 2 小匙，鸡精少许，葱段约 15 克，油适量

做法

❶ 锅中倒入适量水烧开，下入馄饨。

❷ 馄饨全部浮起后捞入碗中。

❸ 辣椒油、白糖、盐、酱油、陈醋和鸡精放入碗中搅匀，倒在煮好的馄饨上。

❹ 葱段放入汤勺中，倒入适量油爆香。

❺ 热油泼在馄饨上，搅匀即可食用。

TIPS

　　煮馄饨小窍门：可在水里放入少许的盐，水开后下入馄饨，待锅内水再次沸腾后，火力不要太大，保持微沸的状态，这样煮出来的馄饨皮不易破。

红油抄手

原料

主料： 生馄饨适量

调料 A： 白糖 1/3 茶匙，酱油 1 茶匙，醋 2 茶匙，盐适量，鸡精少许，葱花少许

调料 B： 辣椒粉 1 汤匙，油适量

做法

❶ 油倒入汤勺中，烧至冒白烟。

❷ 将热油倒入辣椒粉中，制成辣油。

❸ 辣油与调料 A 混合均匀。

❹ 倒入适量开水，制成红油抄手汤。

❺ 锅中倒入适量水烧开，下入馄饨，煮至馄饨全部浮起后捞出，放入红油抄手汤中即可。

TIPS

煮馄饨时，可在水里放少许盐，水开后下入馄饨，煮开后转小火，这样煮出来的馄饨皮不易破。

馄饨包法变化

变化一

做法

取一张馄饨皮，放入适量馅料。

将馄饨皮对角折起来，形成三角形。

用中指压住有馅料的地方。

将两个角捏在一起。

变化二

做法

取一张馄饨皮，将馅料放在一侧。

用筷子压住馅料，将馄饨皮沿着筷子卷起来。

用手指捏住馄饨皮两头往中间挤压，顺势抽出筷子。

馄饨就做好了。

变化三

做法

取一张馄饨皮，放入适量馅料。

用虎口将馅料周围的馄饨皮同时向上收拢。

馄饨就做好了。

111

酸菜猪肉饺

原料

面皮

面粉…………… 250 克

冷水………… 130 毫升

盐……………… 适量

馅料

猪肉…………… 180 克

酸菜…………… 100 克

调料

料酒…………… 1 茶匙

白糖…………… 1/2 茶匙

酱油…………… 1 汤匙

香油…………… 1/2 茶匙

鸡蛋清………… 1 个

鸡精…………… 少许

盐……………… 适量

做法

❶ 盐放入面粉中搅匀，再倒入水，按照第 92~93 页的方法揉成光滑的面团，盖上湿纱布醒 20 分钟。

❷ 猪肉剁成末，放入所有调料，朝一个方向搅拌上劲。

❸ 酸菜洗净，挤干水分，切末。

❹ 酸菜末放入肉末中，继续朝一个方向搅匀。

❺ 醒好的面团搓成长条，分成每个约 12 克重的剂子。

❻ 剂子按扁，擀成中间厚、边缘薄的面皮。

❼ 放入适量馅料。

❽ 从一端开始捏褶，包成饺子。

❾ 锅中倒入适量水，加少许盐烧开，下入饺子。

❿ 盖上锅盖，将水烧开。

⓫ 倒入 1 小碗冷水，盖上锅盖，水开后再倒入少许冷水。

⓬ 打开锅盖，煮约 1 分钟后将饺子捞出即可。

TIPS

1. 用瘦肉占 70% 的猪肉包的饺子比全瘦肉的味道更好。

2. 煮饺子时，在水里加少许盐，这样煮好的饺子皮不易破。

韭菜猪肉馅

原料

主料：猪肉 150 克，韭菜 150 克

调料：料酒 1 茶匙，酱油 1 茶匙，白糖 1/3 茶匙，鸡蛋清 1 个，香油 1/2 茶匙，鸡精少许，盐适量

做法

❶ 猪肉剁成末，放入所有调料，朝一个方向搅匀。

❷ 韭菜洗净沥干，切成小段，加入少许油搅匀。

❸ 猪肉末放入韭菜中，搅匀即可。

TIPS

在切成段的韭菜中拌入少许油可以锁住韭菜的水分，防止韭菜拌入肉馅后出水。

玉米猪肉馅

原料

主料：猪肉 130 克，熟玉米粒 50 克

调料：酱油 2/3 茶匙，料酒 1 茶匙，白糖 1/3 茶匙，鸡蛋清 1 个，香油 1/2 茶匙，鸡精少许，盐适量

做法

❶ 猪肉剁成末，放入所有调料，朝一个方向搅拌上劲。

❷ 放入熟玉米粒，继续朝一个方向搅匀。

芝麻排叉

原料

面粉…………… 150 克
黑芝麻………… 7 克
水……………… 60 毫升
白糖…………… 40 克

做法

❶ 水倒入面粉中，搅成均匀的絮状，再倒入黑芝麻。
❷ 按照第 92~93 页的方法揉成光滑的面团，盖上湿纱布醒 30 分钟。
❸ 醒好的面团按扁。
❹ 擀成薄面片。
❺ 切成约 2 厘米宽、5 厘米长的小面片。
❻ 面片两两重叠，用刀在中间划 3 个口。
❼ 面片的一端从中间的口穿过，再拉出去。
❽ 炒锅中倒油，烧至有少量白烟冒出，放入排叉，炸至金黄酥脆捞出即可。

TIPS

1. 面要和得硬一些，这样炸出来的排叉口感更脆。
2. 步骤 4 中，面皮要尽量擀得薄一些。

笑口枣

原料

低筋面粉········· 200 克

泡打粉············· 3 克

小苏打············· 2 克

白糖············· 50 克

水············· 90 毫升

白芝麻············· 20 克

油············· 10 毫升

做法

❶ 水倒入锅中加热，放入白糖和油，白糖溶解后倒出晾凉。

❷ 低筋面粉、小苏打和泡打粉，混合过筛。

❸ 晾凉的糖水倒入面粉中，搅匀。

❹ 按照第 92~93 页的方法揉成光滑的面团，盖上湿纱布，醒 20 分钟。

❺ 分成每个约 15 克重的剂子，搓成小圆球。

❻ 小圆球放入芝麻中滚，待其表面沾满芝麻后再轻搓几下，使芝麻粘得牢固些。

❼ 炒锅内倒油，烧至有少量白烟冒出，放入笑口枣，小火炸至有裂口后捞出。

TIPS

1. 面团无须反复揉，以免出筋，影响成品开口。

2. 炸笑口枣时，火要小，否则不易开口。放入笑口枣后不要翻动，因为笑口枣在一面受热的情况下才容易开口。要用小火炸至开口后再翻动，最后出锅前再转大火炸几秒后捞出。

3. 步骤 6 中，可用少许水将手掌打湿，将小圆球放入手中来回搓几下，再放入芝麻中滚动，这样芝麻粘得更牢。

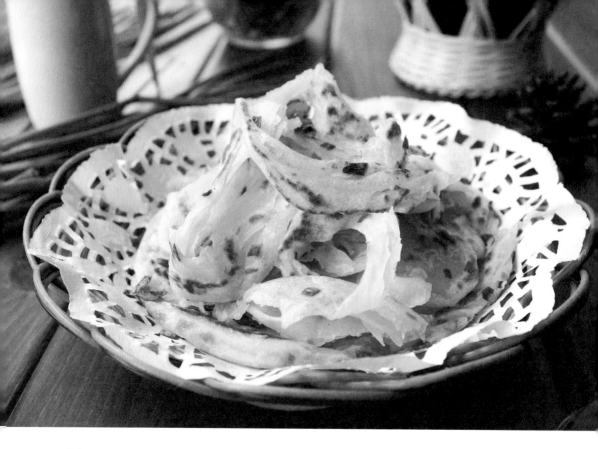

葱香手抓饼

原料

面粉…………… 200 克

热水………… 90 毫升

冷水………… 30 毫升

葱花…………… 适量

盐………………… 少许

TIPS

1. 如果全用热水和面，做出来的饼较软，而且口感发黏，加入少许冷水做出来的饼更好吃。

2. 步骤 7 中，醒饼的时间不可省略，饼涂上油再醒30 分钟，口感会更好。

3. 因为饼中有油，所以烙饼时无须额外放油。

做法

❶ 热水慢慢倒入面粉中，边倒边用筷子搅匀，再倒入冷水搅匀。按照第 92~93 页的方法揉成光滑的面团，盖上湿纱布醒20 分钟。

❷ 葱花和盐放入耐热的碗中，油烧热后倒入碗中。

❸ 醒好的面团搓成长条，分成每个约 35 克重的剂子。

❹ 剂子擀成约 0.2 厘米厚的面片，将浇上热油的葱花涂抹在面片上。

❺ 将面片折好。

❻ 从一端开始卷成面卷。

❼ 面卷用手按扁，再刷一些葱油，盖上保鲜膜，醒 30 分钟。

❽ 饼放入平底锅中，用手按薄。醒过的饼会很软，所以将饼放入锅中后，用手可以轻松地将其按薄。

❾ 开中火，烙至两面金黄后用锅铲掀松即可。

葱油饼

原料

面粉……………… 200 克
热水…………… 90 毫升
冷水…………… 30 毫升
葱花……………… 适量
盐………………… 适量

TIPS

1. 如果全用热水和面，做出来的饼较软，而且口感发黏，加入少许冷水做出来的饼更好吃。

2. 烙饼时火不要太大，否则容易烙焦。

做法

❶ 热水倒入面粉中，边倒边用筷子搅匀，再倒入冷水搅匀。按照第 92~93 页的方法揉成光滑的面团，盖上湿纱布醒 20 分钟。

❷ 醒好的面团搓成长条。

❸ 分成每个约 40 克重的剂子。

❹ 剂子擀成约 0.2 厘米厚的圆面片。

❺ 在面片上刷一层油，撒上适量盐和葱花。

❻ 卷成卷。

❼ 从一端卷至另一端。

❽ 擀成约 0.3 厘米厚的饼。

❾ 平底锅烧热后倒少许油，放入饼，中小火烙至两面金黄即可。

豆沙饼

原料

面粉…………… 200 克

热水………… 90 毫升

冷水………… 30 毫升

红豆沙………… 适量

TIPS

1. 如果全用热水和面，做出来的饼较软，而且口感发黏，加入少许冷水做出来的饼更好吃。

2. 面要和得软一些。

3. 烙饼时火不要太大，否则容易烙焦。

做法

❶ 热水慢慢倒入面粉中，用筷子搅匀，再倒入冷水搅匀。按照第 92~93 页的方法揉成光滑的面团，盖上湿纱布醒 20 分钟。

❷ 醒好的面团搓成长条。

❸ 分成每个约 40 克重的剂子。

❹ 剂子擀成约 0.2 厘米厚的面片，均匀地涂抹上豆沙。

❺ 卷成卷。

❻ 从一端卷至另一端。

❼ 擀成约 0.3 厘米厚的饼。

❽ 平底锅烧热后倒少许油，放入豆沙饼。

❾ 小火烙至两面金黄即可。

褡裢火烧

原料

面皮

面粉⋯⋯⋯⋯ 200 克

热水⋯⋯⋯⋯ 90 毫升

冷水⋯⋯⋯⋯ 30 毫升

馅料

猪肉⋯⋯⋯⋯ 150 克

大葱⋯⋯⋯⋯ 30 克

调料

鸡蛋清⋯⋯⋯⋯ 1 个

蚝油⋯⋯⋯⋯ 1 茶匙

酱油⋯⋯⋯⋯ 1 茶匙

白糖⋯⋯⋯⋯ 1/3 茶匙

料酒⋯⋯⋯⋯ 1 茶匙

香油⋯⋯⋯⋯ 1/2 茶匙

盐⋯⋯⋯⋯ 适量

做法

❶ 热水慢慢倒入面粉中，边倒边用筷子搅匀，再倒入冷水搅匀。

❷ 按照第 92~93 页的方法揉成光滑的面团，盖上湿纱布醒 20 分钟。

❸ 猪肉剁成末，放入所有调料后朝一个方向搅匀。

❹ 大葱切末，放入肉馅中。

❺ 醒好的面团分成每个约 40 克重的剂子，将剂子搓长一些，按扁。

❻ 擀成约 0.2 厘米厚的长方形面片。

❼ 将馅料均匀地涂抹在面片上。

❽ 取长边向中间折。

❾ 另一边也折过来，两头稍稍压紧。

❿ 平底锅烧热倒油，放入火烧，开中小火。

⓫ 盖上锅盖，火烧更易熟。

⓬ 烙至两面金黄即可。

TIPS

1. 葱花要等快包火烧时再放入馅料中，这样葱香味会更浓。

2. 烙火烧时火不要太大，以免出现火烧表面烧焦而中间还未熟透的情况。

鸡蛋灌饼

原料

面粉…………… 150 克
热水………… 65 毫升
冷水………… 25 毫升
鸡蛋……………… 3 个
葱花…………… 少许
盐………………… 少许

TIPS

1. 面要和得软一些，做出的饼口感会更好。

2. 烙饼时火不要太大，烙至饼中间鼓起时用筷子从鼓起处戳一个小洞，然后将饼里的隔层划开，这样再灌蛋液时整个饼中间就会充满蛋液。

做法

❶ 热水倒入面粉中，边倒边用筷子搅匀，再倒入冷水搅匀。

❷ 按照第 92~93 页的方法揉成光滑的面团，盖上湿纱布醒 20 分钟。

❸ 鸡蛋打散，放入盐和葱花搅匀。

❹ 醒好的面团擀成约 0.2 厘米厚的长方形面片。

❺ 均匀地刷一层油。

❻ 沿长边卷成长条。

❼ 用刀切成每个约 40 克重的剂子。

❽ 将剂子的四个角捏在一起，整成球形。

❾ 收口朝下，按扁，擀成约 0.3 厘米厚的饼。

❿ 平底锅烧热倒油，放入饼，烙至由白色变透明时翻面，待中间鼓起时用筷子戳一个小洞。

⓫ 从小洞口灌入蛋液。

⓬ 烙至蛋液凝固后翻面，烙至两面金黄即可。

韭菜合子

原料

面皮

面粉…………… 150 克

热水………… 60 毫升

冷水………… 30 毫升

馅料

韭菜………… 200 克

鸡蛋………… 2 个

白糖………… 1/2 茶匙

盐………… 适量

做法

❶ 热水慢慢倒入面粉中，用筷子搅匀，再倒入冷水搅匀，按照第 92~93 页的方法揉成光滑的面团，盖上湿纱布醒 20 分钟。

❷ 韭菜洗净沥干，切成小段；鸡蛋打散。

❸ 将少许油倒入切好的韭菜中，搅匀。

❹ 炒锅烧热倒油，放入蛋液，用筷子迅速搅散。

❺ 炒好的鸡蛋放入韭菜中。

❻ 再加入盐和白糖，搅匀。

❼ 醒好的面团搓成长条。

❽ 分成每个约 20 克重的剂子。

❾ 剂子按扁，擀成中间厚、边缘薄的面皮。

❿ 取适量馅料放入面皮。

⓫ 将面皮对折，边缘捏紧，制成韭菜合子。

⓬ 平底锅倒油，放入韭菜合子，中小火烙至两面金黄即可。

TIPS

1. 韭菜洗净后要沥干。切韭菜时，尽量一刀切断，避免刀在菜叶上反复拉扯，这样可以防止韭菜出水。

2. 韭菜切好后，先拌入少许油，可以锁住韭菜中的水分防止出水。

3. 烙韭菜合子时，火不要太大，以免烙焦。

烫面鸡蛋饼

原料

面粉…………… 150 克
热水………… 75 毫升
冷水………… 20 毫升
鸡蛋…………… 3 个
葱花…………… 适量
盐……………… 少许

做法

❶ 面粉放入盆中，倒入热水搅匀，再倒入冷水搅匀，按照第92~93 页的方法揉成光滑的面团，盖上湿纱布醒 20 分钟。

❷ 鸡蛋打散，放入盐和葱花，搅匀。

❸ 醒好的面团分成每个约 70 克重的剂子，将剂子按扁。

❹ 擀成约 0.2 厘米厚的饼。

❺ 平底锅烧热倒入少许油，开小火，放入饼。

❻ 用勺子舀适量蛋液均匀地摊在饼上。

❼ 烙至蛋液凝固，饼呈金黄色。

❽ 将烙好的饼卷成卷即可。

TIPS

1. 面要和得软一些，和面时如果全部用热水，成品会很软，而且口感发黏。用大部分热水先将部分面粉烫熟，再倒入少许冷水，这样成品口感会更好。热水要慢慢地以画圈的方式倒入，这样才能将面粉烫均匀。

2. 步骤 4 中，饼要尽量擀得薄一些。

3. 做好的烫面鸡蛋饼在卷成卷之前，可以刷上自己喜欢的酱料，使味道更丰富。

西葫芦肉饼

原料

面皮

面粉……………… 250 克

热水………… 110 毫升

冷水…………… 40 毫升

馅料

西葫芦……………… 150 克

猪肉…………… 150 克

调料

生抽……………… 1 茶匙

老抽……………… 1 茶匙

料酒……………… 1 茶匙

白糖……… 1/2 茶匙

鸡蛋清……………… 1 个

香油……… 1/2 茶匙

盐……………… 适量

做法

❶ 热水倒入面粉中，边倒边用筷子搅匀，再倒入冷水搅匀，按照第 92~93 页的方法揉成光滑的面团，盖上湿纱布醒 20 分钟。

❷ 猪肉剁成末，加入所有调料，朝一个方向搅匀。

❸ 西葫芦擦丝，用手挤去多余的水分。

❹ 西葫芦丝放入肉末中，搅匀。

❺ 醒好的面团分成每个约 50 克重的剂子。

❻ 将剂子擀成约 0.2 厘米厚的长方形面片，均匀地铺上馅料。

❼ 将面片的两端向中间折叠。

❽ 再对折一次，将两头按紧。

❾ 平底锅倒油，放入西葫芦肉饼，中小火烙约 1 分钟后加入少许水，盖上锅盖。水干后打开锅盖，烙至两面金黄即可。

TIPS

1. 西葫芦擦丝后一定要挤干，以免拌入肉末后水分太多使馅料变稀。

2. 烙肉饼时中小火即可，以免饼表面烧焦而中间还未熟透。可先将饼烙 1 分钟，然后沿锅边淋入少许水，盖上锅盖，这样肉饼更易熟透。水干后要打开锅盖再烙一会儿，这样肉饼就会外焦里嫩。

烧卖

原料

面皮

面粉	250 克
热水	125 毫升

馅料

糯米	300 克
猪肉	150 克

调料

生抽	1 汤匙
老抽	1 汤匙
白糖	1/3 茶匙
香油	1/2 茶匙
鸡蛋清	1 个
盐	适量

做法

❶ 糯米淘洗干净后蒸熟，然后趁热弄松散。

❷ 热水倒入面粉中，边倒边搅拌，按照第 92~93 页的方法揉成光滑的面团，盖上湿纱布醒 30 分钟。

❸ 猪肉剁成末，放入所有调料，朝一个方向搅拌上劲。馅料倒入糯米饭中，戴上一次性手套，抓匀。

❹ 醒好的面团搓成长条。

❺ 分成每个约 20 克重的剂子。剂子擀成面皮。

❻ 面皮上放适量馅料。

❼ 用虎口将面皮的边缘同时向中间捏。

❽ 制成烧卖。

❾ 蒸锅放水，蒸箅刷油，放入烧卖，大火蒸 20 分钟即可。

TIPS

1. 和面时要用热水（约 70℃），这样蒸出来的烧卖面皮才不会硬。

2. 要选用瘦肉占 70% 的猪肉，这样口感更好。不要用全瘦肉，以免吃起来发柴。

3. 烧卖皮要尽量擀得薄一些。

元宝蒸饺

原料

面皮

面粉⋯⋯⋯⋯ 300 克

开水⋯⋯⋯⋯ 160 毫升

馅料

猪肉⋯⋯⋯⋯ 220 克

胡萝卜⋯⋯⋯ 100 克

调料

酱油⋯⋯⋯⋯ 1 汤匙

料酒⋯⋯⋯⋯ 1 茶匙

白糖⋯⋯⋯ 1/2 茶匙

鸡蛋清⋯⋯⋯ 1 个

香油⋯⋯⋯ 1/2 茶匙

鸡精⋯⋯⋯⋯ 少许

盐⋯⋯⋯⋯⋯ 适量

做法

❶ 开水倒入面粉中，边倒边用筷子迅速搅拌，按照第 92~93 页的方法揉成光滑的面团，盖上湿纱布醒 30 分钟。

❷ 猪肉剁成末，胡萝卜切末。

❸ 所有调料放入肉末中，朝一个方向搅拌上劲。

❹ 放入胡萝卜末，继续朝一个方向搅匀。

❺ 醒好的面团搓成长条，分成每个约 15 克重的剂子。

❻ 剂子按扁，擀成中间厚、边缘薄的面皮，放入适量馅料。

❼ 对折捏合成半圆形。

❽ 将底边的两个角捏合，包成元宝饺。

❾ 蒸锅放水，笼屉刷油，放入蒸饺，大火蒸 15 分钟即可。

TIPS

1. 和面的时候，开水要慢慢地以画圈的方式倒入，这样才能将面烫均匀。

2. 制作肉馅时，加入调料后要朝一个方向搅拌，这样才容易将肉馅搅上劲。

玉米蒸饺

原料

面皮

玉米面⋯⋯⋯⋯⋯ 80 克

面粉⋯⋯⋯⋯⋯⋯ 100 克

开水⋯⋯⋯⋯⋯ 100 毫升

馅料

猪肉⋯⋯⋯⋯⋯⋯ 130 克

熟玉米粒⋯⋯⋯⋯ 50 克

调料

酱油⋯⋯⋯⋯⋯ 2/3 茶匙

料酒⋯⋯⋯⋯⋯⋯ 1 茶匙

白糖⋯⋯⋯⋯⋯ 1/3 茶匙

鸡蛋清⋯⋯⋯⋯⋯ 1 个

香油⋯⋯⋯⋯⋯ 1/2 茶匙

鸡精⋯⋯⋯⋯⋯⋯ 少许

盐⋯⋯⋯⋯⋯⋯⋯ 适量

做法

❶ 玉米面与面粉混合均匀。

❷ 倒入开水，迅速搅拌，按照第 92~93 页的方法揉成光滑的面团，盖上湿纱布醒 20 分钟。

❸ 猪肉剁成末，放入所有调料，朝一个方向搅拌上劲。

❹ 放入熟玉米粒，继续朝一个方向搅匀。

❺ 醒好的面团搓成长条。

❻ 分成每个约 15 克重的剂子。

❼ 剂子按扁，擀成中间厚、边缘薄的面皮。

❽ 放入适量馅料。

❾ 面皮对折，中间捏合，两头不封口。

❿ 如图，将两头的面皮向中心捏出褶子。

⓫ 将褶子捏完，玉米饺就包好了。

⓬ 蒸锅放水，笼屉刷油，放入蒸饺，大火蒸 15 分钟即可。

TIPS

1. 玉米面较粗，可根据个人喜好调整玉米面与面粉的比例。

2. 和面时一定要用开水，这样做出的玉米蒸饺皮更软。

南瓜柳叶蒸饺

原料

面皮

南瓜（去皮去瓤）… 150 克

面粉…………… 250 克

馅料

猪肉…………… 250 克

胡萝卜………… 80 克

调料

酱油…………… 1 汤匙

料酒…………… 1 茶匙

白糖………… 1/2 茶匙

鸡蛋清………… 1 个

香油………… 1/2 茶匙

鸡精…………… 少许

盐……………… 适量

做法

❶ 南瓜切片蒸熟，捣成泥。

❷ 趁热加入面粉，搅匀。

❸ 按照第 92~93 页的方法揉成光滑的面团，盖上湿纱布醒30 分钟。

❹ 猪肉剁成末，胡萝卜切末。

❺ 调料全部放入肉末中，朝一个方向搅拌上劲。

❻ 放入胡萝卜末，继续朝一个方向搅匀。

❼ 醒好的面团搓成长条，分成每个约 12 克重的剂子。

❽ 剂子按扁，擀成中间厚、边缘薄的面皮。

❾ 放入适量馅料。

❿ 从一头开始左右交替捏褶。

⓫ 包成柳叶饺。

⓬ 蒸锅放水，笼屉刷油，放入蒸饺，大火蒸 15 分钟即可。

TIPS

1. 制作南瓜面团时，建议将面和得硬一些。

2. 面粉要趁南瓜泥还烫的时候放入，这样做出的蒸饺皮更软。

西葫芦南瓜蒸饺

原料

面皮

南瓜(去皮去瓤)··· 150 克

面粉·············· 250 克

馅料

猪肉·············· 180 克

西葫芦·········· 180 克

调料

酱油·············· 1 茶匙

料酒·············· 1 茶匙

白糖·········· 1/2 茶匙

鸡蛋清·········· 1 个

香油·········· 1/2 茶匙

鸡精·············· 少许

盐·············· 适量

做法

❶ 南瓜切片蒸熟，捣成泥。

❷ 趁热加入面粉，搅匀。

❸ 按照第 92~93 页的方法揉成光滑的面团，盖上湿纱布醒 30 分钟。

❹ 猪肉剁成末，放入所有调料，朝一个方向搅拌上劲。

❺ 西葫芦擦丝。

❻ 西葫芦丝挤干水分，放入肉末中，继续朝一个方向搅匀。

❼ 醒好的面团搓成长条，分成每个约 15 克重的剂子。

❽ 剂子按扁，擀成中间厚、边缘薄的面皮，放入适量馅料。

❾ 面皮对折成半圆形，边缘捏紧。

❿ 从一头开始捏出花边。

⓫ 包成花边饺。

⓬ 蒸锅放水，笼屉刷油，放入蒸饺，大火蒸 15 分钟即可。

TIPS

1. 面粉要趁南瓜泥还烫的时候放入，这样做出来的蒸饺皮更软。

2. 擦好的西葫芦丝水分较多，要挤干一些，以免拌入肉馅后馅料太稀。

双色蒸饺

原料

南瓜面团

南瓜（去皮去瓤）… 120 克

面粉…………… 200 克

紫薯面团

紫薯…………… 120 克

面粉…………… 200 克

开水…………… 20 毫升

馅料

猪肉…………… 300 克

调料

酱油…………… 1 汤匙

料酒…………… 2 茶匙

白糖…………… 1/2 茶匙

鸡蛋清…………… 1 个

香油…………… 1/2 茶匙

鸡精…………… 少许

盐…………… 适量

做法

❶ 南瓜切片蒸熟，捣成泥。放入面粉搅匀，按照第 92~93 页的方法揉成光滑的面团，盖上湿纱布醒 20 分钟。

❷ 紫薯蒸熟后去皮，捣成泥，加入开水，放入面粉搅匀后按照第 92~93 页的方法揉成面团，盖上湿纱布醒 20 分钟。

❸ 猪肉剁成末，放入所有调料，朝一个方向搅拌上劲。

❹ 醒好的南瓜面团搓成条，分成每个约 40 克重的剂子，擀成中间厚、边缘薄的面皮。

❺ 紫薯面团搓成长条，分成每个约 40 克重的剂子，擀成中间厚、边缘薄的面皮。

❻ 南瓜面皮中放入适量馅料。

❼ 对折后捏成半圆形。

❽ 紫薯面皮中放入适量馅料。

❾ 对折后捏成半圆形。

❿ 如图，两种饺子直边相对，上下两个角分别捏紧，使饺子粘在一起成圆形。

⓫ 捏出花边，双色饺就包好了。

⓬ 蒸锅放水，笼屉刷油，放入蒸饺，大火蒸 15 分钟即可。

鸳鸯蒸饺

原料

面皮

面粉…………… 300 克

开水………… 160 毫升

馅料

猪肉………… 320 克

调料

酱油………… 1 汤匙

料酒………… 2 茶匙

白糖………… 1 茶匙

鸡蛋清………… 1 个

香油………… 1/2 茶匙

鸡精………… 少许

盐………… 适量

装饰

豇豆………… 适量

胡萝卜………… 适量

做法

❶ 开水倒入面粉中，边倒边用筷子迅速搅拌。

❷ 按照第 92~93 页的方法揉成光滑的面团，盖上湿纱布醒 30 分钟。

❸ 猪肉剁成末，放入所有调料，朝一个方向搅拌上劲。

❹ 豇豆、胡萝卜分别切末。

❺ 醒好的面团搓成长条，分成每个约 15 克重的剂子。

❻ 剂子按扁，擀成中间厚、边缘薄的面皮。

❼ 放入适量馅料。

❽ 对折，将中间捏合，使面皮底边形成四个角。

❾ 将 A 角和 B 角捏合。

❿ 将 C 角和 D 角捏合。

⓫ 在两边的孔里放入装饰用料，包成鸳鸯饺。

⓬ 蒸锅放水，笼屉刷油，放入蒸饺，大火蒸 15 分钟即可。

TIPS

1. 装饰用料可根据个人喜好选择，搭配好颜色即可。

2. 饺子皮不要擀得太薄，以免饺子蒸好后变形。

三眼蒸饺

原料

面皮

面粉…………… 300 克

开水………… 160 毫升

馅料

猪肉…………… 320 克

调料

酱油…………… 1 汤匙

料酒…………… 1 茶匙

白糖………… 1/2 茶匙

鸡蛋清………… 1 个

香油………… 1/2 茶匙

鸡精…………… 少许

盐…………… 适量

装饰

豇豆…………… 适量

胡萝卜…………… 适量

嫩玉米粒………… 适量

做法

❶ 开水倒入面粉中，边倒边用筷子迅速搅拌。

❷ 按照第 92~93 页的方法揉成光滑的面团，盖上湿纱布醒 30 分钟。

❸ 猪肉剁成末，放入所有调料，朝一个方向搅拌上劲。

❹ 豇豆、胡萝卜和嫩玉米粒分别切末。

❺ 醒好的面团搓成长条，分成每个约 15 克重的剂子。

❻ 剂子按扁，擀成中间厚、边缘薄的面皮，放入适量馅料。

❼ 将面皮捏成三角形。

❽ 三角形的角依次向中心捏合，捏成三眼形。

❾ 三个眼里分别放入切成末的豇豆、胡萝卜和嫩玉米粒，三眼饺就包好了。

❿ 蒸锅放水，笼屉刷油，放入饺子，大火蒸 15 分钟即可。

TIPS

1. 和面时，开水要慢慢地以画圈的方式倒入，才能将面烫均匀。

2. 三种装饰用料可根据个人喜好选择，搭配好颜色即可。

3. 饺子皮不要擀得太薄，以免饺子蒸好后变形。

四喜蒸饺

原料

面皮

面粉·············· 300 克

开水············· 160 毫升

馅料

猪肉·············· 320 克

调料

酱油·············· 1 汤匙

料酒·············· 2 茶匙

白糖·············· 1/2 茶匙

鸡蛋清············ 1 个

香油·············· 1/2 茶匙

鸡精·············· 少许

盐················ 适量

装饰

豇豆·············· 适量

胡萝卜············ 适量

嫩玉米粒·········· 适量

水发香菇·········· 适量

做法

❶ 开水倒入面粉中，边倒边用筷子迅速搅拌。

❷ 按照第 92~93 页的方法揉成光滑的面团，盖上湿纱布醒 30 分钟。

❸ 猪肉剁成末，放入所有调料，朝一个方向搅拌上劲。

❹ 豇豆、胡萝卜、嫩玉米粒和水发香菇分别切末。

❺ 醒好的面团搓成长条，分成每个约 15 克重的剂子。

❻ 剂子按扁，擀成中间厚、边缘薄的面皮。

❼ 放入适量馅料。

❽ 面皮对折，中间捏合，两头不封口。

❾ 将余下两边的面皮中间向中心捏合，使之形成四个孔眼。

❿ 四个孔眼相邻的边捏合。

⓫ 分别放入装饰用料，四喜饺就包好了。

⓬ 蒸锅放水，蒸箅刷油，放入饺子，大火蒸 15 分钟即可。

TIPS

1. 装饰用料可根据个人喜好选择，搭配好颜色即可。

2. 饺子皮不要擀得太薄，以免饺子蒸好后变形。

玉米花朵蒸饺

原料

面皮

玉米面··············· 80 克

面粉··············· 100 克

开水··········· 100 毫升

馅料

猪肉··············· 130 克

胡萝卜··············· 50 克

调料

酱油··········· 2/3 茶匙

料酒··········· 1 茶匙

白糖··········· 1/3 茶匙

鸡蛋清··············· 1 个

香油··········· 1/2 茶匙

鸡精··············· 少许

盐··············· 适量

装饰

胡萝卜丁··········· 少许

做法

❶ 玉米面与面粉混合，倒入开水后搅匀，按照第 92~93 页的方法揉成光滑的面团，盖上湿纱布醒 20 分钟。

❷ 猪肉剁成末，放入所有调料，朝一个方向搅匀。胡萝卜切末，放入肉末中，继续朝一个方向搅匀。

❸ 醒好的面团搓成长条，分成每个约 15 克重的剂子。

❹ 剂子按扁，擀成中间厚、边缘薄的面皮，放入适量馅料。

❺ 将面皮分成五等份，捏成五角形，顶端留一个小孔不捏合。

❻ 将其中一个角的底部与相邻角的顶端捏合。

❼ 依次将剩余的角捏好，整形。

❽ 在花朵饺顶端的小孔里放一个胡萝卜丁做装饰。笼屉刷油，放入蒸饺。

❾ 蒸锅放水，大火蒸 15 分钟即可。

TIPS

1. 因为面团中有玉米面，所以黏性不及全面粉的大。

2. 将角的底部与相邻角的顶端捏合时用力要轻，以免弄破饺子皮。

南瓜花朵蒸饺

原料

面皮

南瓜（去皮去瓤）… 150 克

面粉…………… 250 克

馅料

猪肉…………… 250 克

调料

酱油…………… 1 汤匙

料酒…………… 1 茶匙

白糖…………… 1/2 茶匙

鸡蛋清…………… 1 个

香油…………… 1/2 茶匙

鸡精…………… 少许

盐……………… 适量

装饰

胡萝卜丁………… 适量

做法

❶ 南瓜切片蒸熟，捣成泥，趁热加入面粉，按照第 92~93 页的方法揉成光滑的面团，盖上湿纱布醒 30 分钟。

❷ 猪肉剁成末，放入所有调料，朝一个方向搅拌上劲。

❸ 醒好的面团搓成长条，分成每个约 15 克重的剂子。

❹ 剂子按扁，擀成中间厚、边缘薄的面皮，放入适量馅料。

❺ 将面皮分成五等份，捏成五角形，顶端留一个小孔不捏合。

❻ 将其中一个角的底部与相邻角的顶端捏合。

❼ 依次将剩余的角捏好，整成花瓣。

❽ 将花瓣用夹子夹出纹路。

❾ 在花朵饺顶端的小孔里放一个胡萝卜丁做装饰。笼屉刷油，放入蒸饺。

❿ 蒸锅放水，大火蒸 15 分钟即可。

TIPS

面粉要趁南瓜泥还烫的时候放入，这样做出来的蒸饺皮更软。

锅贴

原料

面皮

面粉⋯⋯⋯⋯⋯ 200 克

热水⋯⋯⋯⋯⋯ 90 毫升

冷水⋯⋯⋯⋯⋯ 30 毫升

馅料

猪肉⋯⋯⋯⋯⋯ 200 克

调料

料酒⋯⋯⋯⋯⋯ 1 茶匙

酱油⋯⋯⋯⋯⋯ 1 茶匙

白糖⋯⋯⋯⋯ 1/2 茶匙

鸡蛋清⋯⋯⋯⋯ 1 个

香油⋯⋯⋯⋯ 1/2 茶匙

盐⋯⋯⋯⋯⋯ 适量

鸡精⋯⋯⋯⋯⋯ 少许

做法

❶ 热水慢慢倒入面粉中，用筷子搅匀，再倒入冷水搅匀，按照第 92~93 页的方法揉成光滑的面团，盖上湿纱布醒 20 分钟。

❷ 猪肉剁成末，放入所有调料，朝一个方向搅拌上劲。

❸ 醒好的面团再揉片刻，然后搓成长条，分成每个约 12 克重的剂子。

❹ 剂子按扁，擀成中间厚、边缘薄的面皮，放入适量馅料。

❺ 面皮对折，中间捏合，两头不封口。

❻ 平底锅烧热倒油，摆入锅贴，煎约半分钟。

❼ 沿锅边倒入水至锅贴的 1/3 处。

❽ 盖上锅盖，焖干。

❾ 锅中水干后打开锅盖，再淋入少许油，煎至锅贴底部金黄香脆即可。

TIPS

　　煎锅贴时火不要太大，水干后一定要转小火，以免锅贴表面烧焦而中间还未熟透。

煎饺

原料

面皮

面粉⋯⋯⋯⋯⋯ 250 克

热水⋯⋯⋯⋯ 110 毫升

冷水⋯⋯⋯⋯⋯ 40 毫升

馅料

猪肉⋯⋯⋯⋯⋯ 150 克

韭菜⋯⋯⋯⋯⋯ 150 克

调料

料酒⋯⋯⋯⋯⋯ 1 茶匙

酱油⋯⋯⋯⋯⋯ 1 茶匙

白糖⋯⋯⋯⋯⋯ 1/3 茶匙

鸡蛋清⋯⋯⋯⋯⋯ 1 个

香油⋯⋯⋯⋯⋯ 1/2 茶匙

鸡精⋯⋯⋯⋯⋯ 少许

盐⋯⋯⋯⋯⋯ 适量

做法

❶ 热水慢慢倒入面粉中，用筷子搅匀，再倒入冷水搅匀，按照第 92~93 页的方法揉成光滑的面团，盖上湿纱布醒 20 分钟。

❷ 猪肉剁成末，放入所有调料，朝一个方向搅匀。

❸ 韭菜洗净沥干，切小段，加少许油搅匀。猪肉末放入韭菜中，搅匀。

❹ 醒好的面团再揉片刻，然后搓成长条，分成每个约 12 克重的剂子。剂子按扁，擀成中间厚、边缘薄的面皮，放入适量馅料。

❺ 从一头开始捏褶。

❻ 包成饺子。

❼ 平底锅烧热倒油，放入饺子，煎约半分钟后沿锅边倒入水至饺子的 1/3 处。盖上锅盖，焖干。

❽ 锅中水干后打开锅盖，再倒少许油，煎至饺子底部金黄香脆。

TIPS

1. 在切成段的韭菜中拌入少许油可以锁住韭菜的水分，防止韭菜拌入肉馅后出水。

2. 煎饺子时火不要太大，水干后一定要转小火，以免饺子表面烧焦而中间还未熟透。

包菜虾皮饼

原料

面皮

面粉…………… 200 克

温水………… 125 毫升

馅料

包菜…………… 200 克

虾皮…………… 12 克

葱花…………… 少许

香油…………… 少许

白糖…………… 少许

盐……………… 少许

做法

❶ 温水倒入面粉中，用筷子搅成絮状。

❷ 按照第 92~93 页的方法揉成光滑的面团，盖上湿纱布醒 20 分钟。

❸ 包菜洗净沥干，切碎，倒入少许香油搅匀。

❹ 炒锅烧热倒油，放入洗净沥干的虾皮，小火炒香。

❺ 炒好的虾皮、盐、白糖和葱花放入包菜中搅匀。

❻ 醒好的面团搓成长条，分成每个约 25 克重的剂子。

❼ 剂子按扁，擀成中间厚、边缘薄的面皮。

❽ 放入适量馅料。

❾ 收口。

❿ 收口朝下放在案板上，按成饼。

⓫ 平底锅烧热倒少许油，放入饼。

⓬ 中小火烙至两面金黄即可。

TIPS

1. 步骤 3 中，将包菜切碎后倒入少许香油可以防止包菜中的水流出来，用普通的食用油代替香油也可以，但是用香油更香。

2. 步骤 4 中，炒虾皮时要用小火，否则容易炒焦。

3. 烙饼时火不要太大，中小火即可，否则容易烙焦。

京东肉饼

原料

面皮

面粉…………… 200 克

温水………… 130 毫升

馅料

猪肉…………… 150 克

葱花…………… 适量

调料

白糖………… 1/3 茶匙

酱油…………… 1 茶匙

料酒…………… 1 茶匙

鸡蛋清………… 1 个

香油………… 1/2 茶匙

盐…………… 适量

鸡精…………… 少许

做法

❶ 面粉放入盆中，倒入温水，按照第 92~93 页的方法揉成光滑的面团，盖上湿纱布醒 20 分钟。

❷ 猪肉剁成末，放入所有调料，朝一个方向搅拌上劲。

❸ 葱花放入肉馅中，搅匀。

❹ 醒好的面团搓成长条，再分成每个约 50 克重的剂子。

❺ 剂子擀成约 0.2 厘米厚的圆面片。

❻ 将面片由边缘至圆心切一刀。

❼ 面片的 3/4 铺上馅料。

❽ 没有铺馅料的面片折起来，盖在有馅料的地方。

❾ 下半部分再向上折。

❿ 折成扇形，将边缘稍稍按紧。

⓫ 平底锅烧热倒入油，放入做好的饼，盖上锅盖。

⓬ 烙至两面金黄即可。

TIPS

1. 面要和得软一些。

2. 烙饼时，最好盖上锅盖，饼更容易熟透。但是要注意，打开锅盖后要再煎一分钟左右让水汽蒸发，这样烙出来的饼才会外焦里嫩。

3

Chapter

其他类

本章介绍了8款简单快手的家庭手作面食，它们既非发面面团类，也非水调面团类。

奶香玉米煎饼

原料

玉米粉…………80 克

糯米粉…………40 克

牛奶………… 150 毫升

白糖…………20 克

做法

❶ 玉米粉、糯米粉和白糖混合。

❷ 倒入牛奶，搅成面糊。

❸ 平底锅烧热倒油，用勺子将适量面糊舀入锅中。

❹ 烙至一面凝固后翻面。

❺ 烙至两面金黄即可。

TIPS

1.用勺子舀起面糊往下倒，如果面糊呈一条不间断的线说明浓稠适宜。

2.烙饼时火不要太大，以免将饼烙焦。

西葫芦糊塌子

原料

西葫芦············ 150 克
鸡蛋················ 2 个
面粉··············· 80 克
水················· 50 毫升
白糖··········· 1/2 茶匙
盐················· 适量
葱················· 适量

做法

❶ 西葫芦洗净擦丝，葱切末。
❷ 鸡蛋打散，加入水搅匀，筛入面粉，搅成面糊。
❸ 西葫芦丝与葱末一起放入面糊中，搅匀。
❹ 平底锅烧热倒油，倒入适量面糊，摊成薄饼。
❺ 中小火烙至两面微黄即可。

TIPS

1. 制作面糊时，用勺子舀起面糊往下倒，如果面糊呈一条不间断的线，说明浓稠适宜。
2. 面饼要尽量摊得薄一些，这样口感更好。

紫薯饼

原料

面皮

紫薯…………… 120 克

糯米粉………… 120 克

白芝麻………… 适量

馅料

紫薯…………… 100 克

炼乳…………… 40 克

白糖…………… 20 克

熟黑芝麻粉…… 1 汤匙

做法

❶ 紫薯蒸熟后去皮，捣成泥。

❷ 取 100 克紫薯泥，加入炼乳、白糖和熟黑芝麻粉搅匀，制成馅料。

❸ 取剩下的紫薯泥，加入 50 克糯米粉，揉成紫薯面团。

❹ 将紫薯面团放入蒸锅，蒸约 10 分钟，取出。

❺ 剩余的 70 克糯米粉放入蒸好的面团中，揉匀。

❻ 分成每个约 30 克重的剂子。

❼ 剂子用手捏成中间厚、边缘薄的面皮。

❽ 放入适量馅料。

❾ 收口，搓成小圆球。

❿ 按成小饼。

⓫ 表面沾上白芝麻。

⓬ 平底锅烧热倒油，放入紫薯饼，烙至两面金黄即可。

TIPS

如果直接将糯米粉与紫薯泥揉成面团，其黏性不会太大，包好后容易裂开。因此，先将一部分糯米粉与紫薯泥揉成面团上锅蒸 10 分钟（增加黏性），再与剩下的糯米粉混合揉匀，这样更好操作。

红糖松糕

原料

黏米粉…………… 130 克

糯米粉…………… 80 克

红糖……………… 90 克

热水……………… 90 毫升

做法

❶ 红糖放入热水中，搅至溶化。

❷ 过滤红糖水，晾凉。

❸ 黏米粉与糯米粉混合均匀，倒入红糖水，用手搓成粉末。

❹ 粉末过筛。

❺ 放入刷有一层油的容器中，表面抹平。

❻ 放入蒸锅中，盖上锅盖，大火蒸 40 分钟即可。

TIPS

1. 步骤 3 中，粉末搓至用手能攥成一团，又能再搓散的程度为宜。

2. 过筛后的粉末放入容器后，不要按压表面，轻轻抹平即可。

紫薯松糕

原料

紫薯	150 克
黏米粉	120 克
糯米粉	30 克
炼乳	60 克
白糖	20 克

做法

❶ 紫薯蒸熟后去皮，捣成泥。

❷ 黏米粉、糯米粉、白糖和炼乳放入紫薯泥中搅匀。

❸ 搓成湿润的粉末。

❹ 粉末过 2 次筛。

❺ 装入刷有一层油的容器中，表面抹平。

❻ 放入蒸锅中，大火蒸约 50 分钟后取出脱模即可。

TIPS

1. 步骤 3 中，粉末搓至用手能攥成一团，又能再搓散的程度为宜。

2. 粉末第一次过筛时最好用勺子在粗颗粒上按压。

3. 步骤 5 中，粉末装入容器后表面抹平即可，不要按压。

糯米南瓜饼

原料

南瓜(去皮去瓤)… 100 克
糯米粉………… 160 克
红豆沙………… 适量
椰蓉…………… 适量

做法

❶ 南瓜切片蒸熟后捣成泥。

❷ 趁热放入糯米粉，用筷子搅匀，揉成团。

❸ 分成每个约 25 克重的剂子。

❹ 剂子捏成中间厚、边缘薄的面皮，放入适量红豆沙。

❺ 慢慢收口。

❻ 搓成球。

❼ 按成饼。

❽ 平底锅烧热倒油，放入饼，小火烙至两面金黄后取出，撒上椰蓉装盘即可。

TIPS

1. 步骤 1 和 2 中，动作要快一些，糯米粉一定要趁南瓜泥热的时候放进去烫一下，这一步很关键，糯米粉烫过之后黏性会比较大，包馅的时候不易裂开。如果等南瓜泥放凉以后再加糯米粉，包馅的时候很难操作。

2. 糯米粉的用量仅做参考，具体用量要根据南瓜泥所含的水分进行调整。

3. 烙饼时火不要太大，以免饼表面烙焦而中间还未熟透。

椰蓉南瓜丸子

原料

面皮

南瓜（去皮去瓤）… 100 克

糯米粉………… 160 克

馅料

红糖………… 50 克

熟黑芝麻粉……… 12 克

面粉………… 1 茶匙

装饰

椰蓉………… 适量

做法

❶ 南瓜切片蒸熟后捣成泥。

❷ 趁热放入糯米粉，用筷子搅匀，揉成团。

❸ 将馅料中的所有原料放入碗中搅匀。

❹ 面团分成每个约 15 克重的剂子。

❺ 剂子捏成中间厚、边缘薄的面皮。

❻ 放入适量馅料，用虎口收口，搓成丸子。

❼ 锅中放入适量水烧开，放入丸子，中火煮至沸腾后倒入少许凉水，丸子浮起后打开锅盖再煮约 1 分钟。

❽ 捞出沥干装盘，撒上椰蓉即可。

TIPS

1. 步骤 1 和 2 中，动作要快一些，糯米粉一定要趁南瓜泥热的时候放进去烫一下，这一步很关键，糯米粉烫过之后黏性会比较大，包馅的时候不易裂开。如果等南瓜泥放凉以后再加糯米粉，包馅的时候很难操作。

2. 糯米粉的用量仅做参考，具体用量要根据南瓜泥所含的水分进行调整。

糯米糍

原料

糯米粉⋯⋯⋯⋯ 200 克

淀粉⋯⋯⋯⋯⋯ 30 克

白糖⋯⋯⋯⋯⋯ 20 克

水⋯⋯⋯⋯⋯ 300 毫升

油⋯⋯⋯⋯⋯ 30 毫升

红豆沙⋯⋯⋯⋯ 适量

椰蓉⋯⋯⋯⋯⋯ 适量

做法

❶ 糯米粉、淀粉和白糖混合均匀，加入水和油搅成面糊。

❷ 取一个平底盘，在盘底刷一层油。

❸ 倒入面糊。

❹ 用保鲜膜盖好，用牙签在保鲜膜上扎几个小孔。

❺ 放入蒸锅中，大火蒸约 15 分钟。

❻ 取出晾凉，切成小块面皮。

❼ 戴上一次性手套，将面皮捏薄，放入适量红豆沙。

❽ 收口，搓圆。

❾ 在表面均匀地撒上椰蓉即可。

TIPS

1. 步骤 1 中，加水后要充分搅拌，面糊中不能有颗粒。

2. 蒸熟的面皮要彻底晾凉，也可以放入冰箱冷藏一会儿，这样不容易粘手。

3. 将切成小块的面皮边缘捏薄一些，收口时更容易。

图书在版编目（CIP）数据

家庭手作面食全书／爱厨房著．—北京：北京科学技术出版社，2019.4（2019.6重印）
ISBN 978-7-5714-0023-1

I.①家… Ⅱ.①爱… Ⅲ．①面食－食谱 Ⅳ.① TS972.132

中国版本图书馆 CIP 数据核字（2018）第 303329 号

家庭手作面食全书

作　　者：爱厨房
策划编辑：宋　晶
责任编辑：白　林　宋　晶
图文制作：天露霖文化
责任印制：张　良
出 版 人：曾庆宇
出版发行：北京科学技术出版社
社　　址：北京西直门南大街16号
邮政编码：100035
电话传真：0086-10-66135495（总编室）
　　　　　0086-10-66113227（发行部）
　　　　　0086-10-66161952（发行部传真）
电子信箱：bjkj@bjkjpress.com
网　　址：www.bkydw.cn
经　　销：新华书店
印　　刷：北京印匠彩色印刷有限公司
开　　本：720mm×1000mm　1/16
印　　张：11.5
版　　次：2019年4月第1版
印　　次：2019年6月第2次印刷
ISBN 978-7-5714-0023-1/T·1012

定价：49.80元